堆疊幸福的親子餐桌

幼兒飲食專家帶你做出50道
營養滿分的健康料理

使用
説明
How To Use

1 整理新近的國際研究資料，提供適合
1~12 歲孩童成長路上，正確、客觀的飲食
和營養知識。

. . . . .
LOOK /

希望孩子再高一點

相信很多家長都希望自己的孩子長得夠高，不論是男孩或是女孩，身高
高一點就似乎多了一點吸引人的特質。社會經濟環境的進步，使得現代
的孩子和數十年前的孩子相比，身高較高，性成熟的年齡也來得較早。
許多家長對孩子的身高與性成熟時間感到非常擔心，擔心孩子在年幼時
就高人一等，又擔心孩子長太慢；不論是擔心孩子長的速度太快或太慢，
都是擔心孩子未來的身高矮人一截。

. . . . .
LOOK /

影響身高的因素

身高的決定因素中，包括複雜的遺傳基因，以及飲食、運動、內分泌、
疾病、生活型態等因素，其中，遺傳是一個重要的影響因子。美國一項
研究指出，父母的身高、種族、以及家庭經濟狀況都會影響孩子的身高，
其中父母的身高以及種族都是遺傳因子。身高是一個高度遺傳性且是典
型的多基因性狀，從多個研究結果來看，目前可以確定至少有上百個基
因位置影響人類的身高，而這些基因位置的基因和一些生物代謝途徑和
骨骼生長相關。因此可利用身高預測公式從父母的身高來估算孩子未來
的身高，例如：

男孩身高＝（父親身高＋母親身高＋ 13）÷ 2
女孩身高＝（父親身高＋母親身高－ 13）÷ 2

雖然遺傳對身高具有影響力，也有一些公式可以推估孩子未來的身高，
但這些公式只能提供一個大概的身高數值，父母千萬不要因此認為小

38

使用
説明

1 美味料理的實際完成圖片。

2 料理的名稱。

3 料理難易程度，共分為三種
★簡單、★★中等、★★★困難。

4 料理需要的技能，
共分為五種，請依照孩童發展程度
分配適合的工作。

刀 代表用刀子來切菜。

水 代表要清洗食物。

熱 代表用電鍋、烤箱、
微波爐來加熱。

火 代表用火來烹煮食物。

手 代表用手來揉捏或塑形。

\ LOOK /

蔬菜香料烤魚

技能別	難易度	料理時間	熱量
	★★★	40分鐘	775 KCal

本食譜搭合 5 人份

MEMO

彩椒（甜椒）含有膳食纖維、葉酸、維生素 B 群、維生素 C、鈣、鐵、鋅等營養成分，
具有抗氧化能力，且能預防便祕。

136

5 料理的製作時間。

6 整道料理或每人的熱量。

7 每道料理的食材營養小資訊。

材料		黃甜椒	1/2 個	調味料
大蒜	5 瓣	紅甜椒	1/2 個	橄欖油
檸檬	1 個	馬鈴薯	1 個	新鮮迷迭香
小番茄	10 個	南瓜	1 塊	鹽
洋蔥	1 個	魚	500 公克	

8 料理所需食材一覽表，
調味料請酌量，以少油鹽為原則。

作 法

1 大蒜切末、檸檬、洋蔥、馬鈴薯、南瓜切片，小番茄對切、甜椒切塊。
2 燙熟馬鈴薯和南瓜。
3 在烘焙紙上鋪上所有蔬菜，淋上些許橄欖油，撒上迷迭香和鹽與些許檸檬汁。
4 魚身抹上一點鹽、橄欖油、蒜末，放在蔬菜上，最上方鋪上檸檬片。
5 將烘焙紙周圍捲起來，使之密封。
6 放入烤箱以 200 度烤 20 分鐘。

9 詳細製作步驟，
前方並貼心標註技能別圖示，
表示此步驟可以讓孩童參與，
一起做出美味又健康的料理吧！

\ 小叮嚀 /

- 我喜歡五彩繽紛的菜餚，所以選擇紅色和黃色的甜椒、綠色的檸檬、紫色的洋蔥、紅色的小番茄。家裡有甚麼蔬菜都可以放，菇類和玉米筍也很適合拿來料理這道菜。
- 魚片或全魚都可以，例如鱸魚、鯛魚片。
- 除了魚，蛤蜊、透抽、鮮蝦也都可以放入一起烤。
- 耐高溫可入烤箱的深盤子上鋪上這些食材，就可以直接進烤箱烘烤，用烘焙紙包起來烤可以讓香味和水分保留在其中。

10 操作過程的重要提醒，
包含料理保存、烹煮變化、
食材購買等小撇步。

Catalog

目次

Part 1

輕鬆面對孩子的挑食

Part 2

怎麼吃才能長高？

Part 3

小孩真的不能喝咖啡嗎？

Part 4

吃早餐成績會更好？

Part 5

吃魚會比較聰明？

Part 6

零食與過動

Part 7

為什麼要讓孩子玩食物？

各界好評推薦

專序推薦！

台北市幼兒園園長　**李貞儀**

心靈作家　**郁文**

台灣大學社會工作學系教授　**熊秉荃**

好評推薦！

童話書作家　**九色芬母女檔**

國家特考合格中醫師　**王又**

耕莘健康管理專科學校幼兒保育科主任　**吳怡萍**

兒童文學作家　**林加春**

飲食書作家‧超人氣部落客　**林美君（阿醜媽咪）**

黏土手作書作家　**黃靖惠**

兒童文學作家　**廖文毅**

實踐大學食品營養與保健生技學系教授　**劉麗雲**

（依姓氏筆畫順序排列）

推薦序

台北市私立天琪幼兒園園長　李貞儀

孩子在不同成長階段會有不同的營養需要，以因應生長發育所需的營養攝取量。而孩子在各生理成長時期對營養的需求，以及提供孩子最美好的、最優質的養分，是現代父母最關心且最致力的心願。

然而，在少子化的今日，這份殷切期待的心情養育下的幸福孩子，卻往往因為物質的優渥、滿盈的自由選擇權與決定權等因素，致使孩子們經常迷失於滿足自己的物欲、虛浮附和與追求之中，而無視於正餐的均衡與重要性；進而陶醉在零食與甜蜜糖衣裡。所以，造就許多父母在養育子女的苦惱難題與難解的困擾。

因此，在《堆疊幸福的親子餐桌：幼兒飲食專家帶你做出 50 道營養滿分的健康料理》裡讀者們將從作者細膩的巧思中遇見專屬於自己的幸福。因為在書中非但有適切的議題探討，還有實用的食譜供讀者們參考與應用，實在是一本實用性非常高且值得珍藏的好書籍。

這是一本以營養健康專業思維出發，帶領讀者以輕鬆無負擔的心情，循序漸進的邁向「幸福與甜蜜的親子時光」，更務實地在平凡的餐桌上堆疊出健康與美味的食譜。書中也提醒讀者在孩子們成長歷程中應特別注意孩子的均衡飲食。

我十分期待且非常喜愛這份有溫度的實用書。也鍾愛它悄悄的拓展了讀者對營養健康視角的溫柔。細膩鋪陳的一份份溫馨、一段段美好的

溫情、更張羅著一道道簡單養生的餐點、開啟了一篇篇美味而曼妙的詩集，就此開展幸福的親子餐桌時光的美好。

富裕的生活卻往往養育許多營養不均的孩子，造成小小年紀卻在健康上出現警訊，如肥胖、便祕、糖尿病、高血壓、心血管阻塞、痛風、消瘦、偏食等，藉由作者的提醒，喚醒讀者們多多留意，預防孩子健康失衡與器官失能。

對成長中的孩子而言，良好的營養教育對其一生的影響十分深遠。因而，除了需注意營養價值之外，豐富的食物經驗，也就是以食物的角度來實施營養教育，將會提高孩子們與環境互動的樂趣，從而讓孩子培養良好的飲食習慣與高度探索食物的樂趣。

在書中我們將隨著作者從親子動手做的「為什麼要讓孩子玩食物」談起，讓我們一步步引領孩子參與烹調食物。也因為讓孩子參與的過程中，孩子享受自己動手做的樂趣，感動於與家人共同為相同目標而努力的歸屬感。並引燃孩了對食物的好奇與興趣，享受親子動手做的樂趣與熱情，進而改善孩子偏食的不良習慣。

作者在書中分享了非常實用的資訊，解決現今父母相當頭痛與苦惱的難題。每一篇、每一章節宛如初生的朝陽，溫暖、明亮與自然。令人愛不釋手一再翻閱反覆咀嚼其美味與溫度。

推薦序

心靈作家　郁文

「家的味道，是我們一輩子最幸福的記憶。」

不知道從什麼時候開始，小朋友開始挑食，不愛吃媽媽做的菜？有越來越多的家長擔心小朋友的健康與營養的攝取，台大食品博士珮茹為此將個人所學投注於此，創作這本書《堆疊幸福的親子餐桌：幼兒飲食專家帶你做出 50 道營養滿分的健康料理》。能為她的新書寫序，讓我感到非常開心。

一輩子，我們經驗了許多事，人生猶如電影一樣的播放，在畫面當中最後結局與想要留在我們心中重要東西的是什麼？

我的答案是：「家」

這本書讓我想起獨自一人在外的生活，「家的味道」就是當時自己在外唸書時最深的想念。這一輩子最佩服的就是「母親」這個角色，母親角色深深影響一個家的健康與記憶，而珮茹的書正好給我們家的感覺。

家，是我們最終要回去的地方，幾道家常菜就可以療癒我們的身心與辛勞，很珍惜作者的用心。我們都曾經是家裡的那個孩子，雖然外面有那麼多的美食，終究不會勝過那獨一無二「家的味道」。

我與珮茹認識的時間也有一大段日子了，我很感謝她常常給我關於食品

的相關問題最正確的解答。她可愛的女兒們從小培養與飲食習慣的建立，幫助他們擁有讓自己健康的判斷能力，這也是所有父母的功課，面對這樣的課題，珮茹在書中有了很詳盡的解答，讓大家知道如何解決許多在生活當中，如何讓孩子遠離毒素迎向健康。

我們與孩子本身就是一體的，孩子若挑食我們需要為孩子解決這個問題，而不是跟他成為對立的角色，凡事都可以從「心」的角度去觀看，我喜歡這一本書最大的原因是，這裡面有很多關於如何「跟孩子一起健康」的觀念，與如何透過共同參與製作食物的過程，創造美好回憶。

家人擁有健康的身體與美好回憶，就需要靠家人與孩子的互動共同創造與體驗，我們為這所有一切深深地祝福著。

推薦序

熊秉荃

台大社會工作學系教授　美國普度大學婚姻與家族治療博士

美國婚姻與家族治療學會臨床會員　美國婚姻與家族治療學會認證督導

這會是第一本我從頁首讀到頁尾，並期待跟著食譜做完每一道料理的書，我 15 歲的女兒第一時間看到「彩色湯圓」的照片，馬上驚呼「我要做」，這本書就是這麼迷人。

作者強調「孩子最重要的工作就是玩樂」，讓我想起 1995-1997 年正值我就讀博士班第三及第四年，近三歲的兒子在他表姊及外婆的護駕之下，由台北離開由父親、姑姑和奶奶環繞的安適生活圈，搬到普度大學西拉法葉校區與我共同生活，我們母子開始二人組的適應，我不是一個會玩或是會和小孩子玩的人，但我的專業背景幫助我學習經營一個讓年幼的他拓展經驗的環境，我買了印第安納波利斯兒童博物館（Children's Museum of Indianapolis）的年票，常常忠實的開一小時的車和他造訪兒童博物館，讓他遊逛其間，我記得他特別駐足於水池區，拿著塑膠小汽車一遍遍的在水道上上下下的開，他和小汽車反覆穿越水都，我眼光晃蕩在水池區牆上貼著的各式各樣鼓勵語辭，其中最抓住我心的是「孩子在重複玩樂中學習」，我猜兒童博物館館員定意深深安撫我心中的咕嚕：「何時才可離開這小小的水池區，繼續、趕快的奔向其他精彩、偌大、奇幻的展區？」

兒子 8 歲時和外婆、阿姨及 3 歲的表妹一起包水餃，二個小孩負責捏麵團，壓平後讓外婆擀皮，外婆擀著、擀著，用手揉了一下鼻子，觀察

入微的孩子立刻歡然發現外婆的白鼻頭，孩子笑不可抑之外，也開始互相為對方點鼻鼻，這下當然達到作者說的「提升興趣，什麼都不做也沒關係。」由紐約時報暢銷書作家 Chapman, G. & Campbell, R. 於 1997 首度出版《兒童愛之語：打開親子愛的頻道》（The 5 love languages of children: The secret to loving children effectively）[1]」，細述五種兒童感受愛的頻道，亦即身體的接觸、肯定的言詞、精心的時刻、接受禮物及服務的行動；在兒子成長中，我們幾度長程旅行後，因時差而清晨醒個特早，當時調時差最好的策略就是一起打蛋、拌奶油、和麵、烤餅乾，我們倘佯在愛之語的親子活動中。

女兒的褓姆是持家高手，既擅於規劃餐點內容，對女兒的語言發展、情感教育及視動協調都毫不著痕跡的灌注寶貴的心力，每當褓姆在廚房烹調料理時，便給女兒一套鍋鏟，女兒便拿著鍋鏟、坐在地上敲敲打打，牙牙學語的她和褓姆一搭一唱的相談甚歡；女兒幼稚園時以針線剪刀縫縫補補、用熱熔槍做手工，小學的時候參加「小小木工營」操作鋸子、槌子，回家時告訴我：「老師說，工具不危險，是人危險。」因此如作者的提醒，為孩子「選擇適合的料理工具」、並「依照能力分派工作」，先從危險性較低的工作開始絕對是智慧的安排。

....

1　發現你的愛之語──愛的語言評量檢測 http://city.udn.com/54733/3009661#ixzz4vwWeyOoD

女兒小學時開始追 TLC 旅遊生活頻道的蛋糕天王實境劇（Cake Boss），義大利裔的 Buddy Valastro 承襲父親之業，繼續和家族成員經營 Carlo's 烘焙屋，在群策群力做驚人、創意、超大、藝術蛋糕的過程中，參雜著家族成員間瞪大眼睛、劍拔弩張的處理對創作、經營理念、工作分工的分歧意見，以及充分展現在緊迫時間壓力下，面對搞砸蛋糕的張力與幽默。陪伴她度過國中課業壓力的是，她天天追網紅 Rosanna Pansino 的 Nerdy Nummies-Geeky Cooking Show，並以買 Rosanna 的食譜及做其中的糕點為無上的快樂，她英文的好聽力，這兩個節目貢獻良多；正如作者所說的，尊重並接納孩子的獨特性、邀請孩子參與並經營體驗時光，陪伴中必有豐富及多樣的學習。

如果你自己、你的伴侶、孩子的主要照顧者或孩子本身，如我家老爺一般是「高敏感族（Highly Sensitive Person, HSP）」[2]，那麼「讓孩子進廚房工作確實是不可能的任務」，因為「孩子進廚房」對 HSP 而言，象徵著雜亂、潛藏著危險及充滿了失控；如果孩子是 HSP，那「挑食，

2　「高敏感族」一詞，是由美國精神分析學者伊蓮艾融博士（Dr. Elaine Aron）在 1996 年所提出。根據艾融博士的描述，高敏感族很容易因為外在環境刺激而出現不適感，而幾乎所有不舒服的感覺都會被放大。例如，他們待在太多刺激的環境中就想逃離、對於短時間內要應付很多事感到煩躁、很容易被別人的情緒影響、不喜歡犯錯、容易自責等等。高敏感族自我檢測量表（網路上可以填寫，https://www.suncolor.com.tw/event/books/highlysensitive/quiz.html），摘自 Sand, I. 呂盈璇譯（2017）。高敏感是種天賦：肯定自己的獨特，感受更多、想像更多、創造更多。臺北市：三采文化。

確實可能不是孩子故意唱反調」，因此作者這時「如何幫助孩子不挑食」的貼心小叮嚀就格外可貴；如果孩子如我女兒般，自國中起「不肯吃早餐」，自高中起壓力、焦慮充分反映在上學前肚子不舒服，那他／她可能也是 HSP；那麼逐步減敏感、提高舒適度、放鬆心情、放慢步調、從步驟少而簡單易完成的食譜開始，是絕佳的前置作業，畢竟認識自己、練習壓力處理、學習調節情緒、呵護並善待自己的身體（包括攝取均衡飲食）、滋養心理、經營人際關係和社會支持網、追求靈性和諧和提高生活品質是值得一步一腳印的成長課題。

兒子大學畢業在外地工作，週末返家和妹妹一起找食譜，審慎挑選他們最愛的義大利美食，定意要做其中的 Penne Pie，萬事起頭難，慣常擔任車伕的我家老爺，不辭辛勞地帶著我們走訪多家超市，不計成本的買全食材，兄妹倆大展身手，務實的兒子、堅持實踐完美一根根擺正 Penne 的女兒、廚房中打下手的我，還有飢腸轆轆等不及成品、只好先找其他食物果腹的我家老爺，鋪陳並交織了作者所謂「無可取代的甜蜜回憶。」現在，邀請你與我們一起「堆疊幸福的親子餐桌。」

自序

不論是孩子還是大人，都需要愛。很多人的一生不停地尋找無條件的
愛，希望有人能夠無條件地愛著自己，這個期待與過程，常為生命增添
了許多的苦。其實，宇宙大地讓我們能從它身上獲取食物、陽光、空氣、
水，讓我們得以繼續存在這個美麗的世界，這就是源源不絕且無條件的
愛。我自己認為，父母給孩子的愛、家人給彼此的愛，這樣的愛最是貼
近宇宙大地給的愛，當我們能夠從家中得到這份愛並且感受到這份愛，
我們便明白愛一直都在，不再需要刻意追尋。

可惜的是，現代父母為了要給孩子好的物質生活和學習環境，投注很
多時間工作上，親子之間的相處時間變少，親子關係疏離，不僅如此，
忙碌於工作後也常忘記留一點時間與自己相處，和自己的關係也十分
疏離。

如何感受到宇宙大地的愛和家的愛呢？透過家裡的餐桌吧！家人聚在一
起用餐，共同享用著各種來自大地的食物，如果能夠一起採買、一起認
識食物、一起料理，甚至一起去栽種蔬果或飼養動物，不但家人間有更
多的互動，對每一口食物的了解與感謝就會更多。這所有的過程，創造
了許多親子共處的時間，這在忙碌的現代是十分珍貴的親子時光。

Netflix 出版的紀錄片《Cooked》第二集《Water》開頭，有一段話讓我
印象深刻：「鍋代表了整個家與家人，鍋蓋就像是這個家的屋頂」。的
確，每個食材都有它獨特的顏色、質地、風味、和特性，不同食材混合
在鍋中，經過烹煮，調和成迷人的一道料理；這像不像每個家庭的模樣
呢？每個人都是獨一無二的，聚在一起生活共處，互相包容、彼此扶持，

營造出每個家庭特有的氛圍與溫度。

和過去的年代相比，現在的生活雖然進步便利，但現代的父母接收到太多的資訊，對父母的角色反而非常不安，不知道該怎麼做才是正確的、才會是好父母，放任和尊重的界線很難拿捏，掌控和教導也只有一線之隔，所以很常聽聞極端的教養方式。除了育兒教養的資訊滿天飛，食品安全與飲食營養等資訊也在這些年深受媒體鍾愛，各種民眾無法辨別真偽的資訊不停出現，導致關心孩子健康與飲食的父母十分恐慌。

孩子吃糖後會多失控？吃片巧克力對孩子有多大傷害？孩子長得不夠高是因為吃得不好嗎？吃早餐很危險？即使我擁有護理師執照和食品博士學歷，面對這麼多的資訊和疑問其實也會感到不解，或者在不同論點中搖擺不定，沒有醫護或食品營養背景的家長想必更不知所措了。所以我決定用更科學、更客觀的方式去找答案，將這些資訊都用更淺顯易懂的方式整理在本書中。

由衷感謝在我每個生命時期對我意義非凡的老師為這本書推薦。

希望這本書能將正確的資訊傳遞給讀者，讓父母用更輕鬆、更適合孩子的方式關心孩子的健康與飲食，並且讓更多人願意帶領孩子親手接觸食材的原貌、願意一起走入廚房、願意花多一點時間聚在家裡的餐桌上，讓每個家就像一個燉鍋，而家人之間的情感就像燉鍋中精采豐富的料理，在這之中找到最珍貴且無可取代的愛，每個相聚的片刻讓幸福慢慢堆疊，並永遠留存在回憶中。

Part 1

輕鬆面對
孩子的挑食

挑食的孩了非常常見，即使是大人，對食物也有自己的偏好。這個章節讓讀者了解挑食的原因，並且幫助孩子不挑食，但最重要的是，在孩子健康發展的前提下，希望大家能尊重並接受孩子的挑食，陪伴他們走過這個挑食的過度期。文末列了幾個食譜，裡頭都有我家孩子不愛的食材，但這樣的烹調方法他們都很喜歡，相信每個聰明的父母都會創造出獨家的不挑食料理。

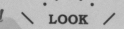

我不要吃這個！

「我不要吃這個！」

「這個不好吃！」

餐廳裡，孩子露出嫌惡的表情面對他們盤中的食物，撥掉碗中他不喜歡的食物，或者大哭大鬧看著餐桌上的食物，這種場景並不難見，有孩子的父母更能感同身受。

「不行！你沒吃完不能下來！」

「妳乖乖吃完等一下我們去買冰淇淋。」

大多數的父母都希望孩子可以不挑食、不偏食，均衡攝取每一種食物和營養，於是面對挑食的孩子，就會利用各種方式希望孩子將食物吃掉，這些話我們也都不陌生。

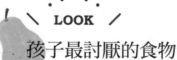

孩子最討厭的食物

許多研究中都發現，挑食的孩子特別會排斥或拒絕食用的食物種類為蔬菜和水果，也有研究發現肥胖或過重的孩童蔬菜和水果的攝取明顯較少。在 4 歲時被認定為挑食的孩子，在 14 個月大時所吃的全穀類食物、蔬菜、海鮮、肉類都較不挑食的孩子要少；挑食孩童比不挑食的孩童吃了較多的零食和糖果，雖然這兩群孩子攝取的總熱量差不多（但也有研究發現挑食孩童攝取的熱量較低），但所攝取的食物品質和營養價值有所差異。15 ～ 24 歲的孩子中，挑食者較喜歡吃香蕉，吃比較多的炸薯條，但馬鈴薯泥和多種食物混合的餐點（例如餛飩、義大利麵）則較不被接受。

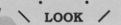

我的孩子挑食嗎？

挑食是兒童常見的問題，目前對於挑食並沒有一致的定義，只吃很少的食物種類、對食物有強烈的偏好、抗拒吃某些食物、不願意嘗試新的食物，這些狀況就可以被稱作挑食。

由於挑食並沒有一個公認的定義，每個研究中使用的定義不同，因此挑食的發生率就很難有客觀的調查數據。一個荷蘭的研究顯示，孩童約有 45% 曾經出現挑食的情形，1.5 歲、3 歲、6 歲的孩子各有 26.5%、27.6%、以及 13.2% 會挑食，另一個研究中指出 1.5 歲到 4.5 歲是挑食的高峰期，男孩、早產、出生體重較低、較為情緒化的孩童、母親在孩童 1.5 歲時的情感較為負面、以及家庭收入較低的孩子，挑食的持續時間較長；但孩童的挑食情形大多會隨著年齡增長而消失，因此挑食可被視為學齡前孩童一種過度時期的行為，屬於正常的發展（但仍有部分較為堅持且嚴重挑食的孩童可能因為挑食而引發其他問題，或者是因為其他身心問題導致的挑食現象）。

. . . . .
\ LOOK /

為什麼會挑食？

孩子對食物的偏好與接受度，和胎兒或嬰兒時期母親的飲食種類有關，（詳見本章的「如何幫助孩子不挑食」）母親對食物的選擇態度也會影響孩童。義大利一個針對 127 對母子／母女進行的研究中（孩童的年齡為 2 ～ 6 歲）發現，母親的態度和孩子的挑食與抗拒新食物行為有顯著相關性。

挑食也和遺傳有關。新生兒就對甜食有偏好，且會排斥苦的食物，這可能是一種自然的保護機制，因為苦的食物通常有毒；不願意接受陌生食物可能是一種自我保護的方式，以避免吃進有毒的食物。2007 年一個英國的研究以 8 ～ 11 歲的雙胞胎進行實驗，結果發現挑食和遺傳有很大的相關性。

LOOK
挑食對健康的影響

許多父母都表示自己的孩子有飲食上的狀況，包括挑食，當孩子體重較輕或是孩子出現挑食行為時，都會使媽媽擔心自己的孩子吃得不夠，也因此會帶來壓力，以及更容易用利誘或賄賂的方式來使孩子進食。

挑食真的會讓孩子吃進過少的食物，進而影響到身高體重或是健康狀況嗎？

一個研究中發現挑食孩童在 5 歲時較不挑食孩童要瘦小一些，但他們攝取的熱量相近；這些挑食孩童到了 9 歲後，體重就和其他孩童一樣在正常範圍內，並沒有體重過輕的問題，且和不挑食的孩子比起來較不會有體重過重的風險。

持續性挑食（各個年齡時期都挑食）的女孩身體質量指數（BMI）雖然較低，但體重都落在正常的範圍內，她們在青春期時較不會有體重過重或肥胖的問題，但持續性挑食者接受到的壓力較大。而不論是挑食或不挑食的孩童，蔬菜與水果的攝取量都少於建議攝取量。

另一個針對各種不同挑食行為的 7 歲學童進行調查，結果發現持續性

挑食可能是廣泛性發展障礙（pervasive developmental disorder；簡稱
PDD）的一種症狀或徵象，但不論是持續性挑食或是緩解性挑食（只有
在 6 歲以前會挑食）、晚發性挑食（6 歲以後開始挑食），挑食與情緒
問題以及行為問題之間並沒有顯著的相關性，最常見的緩解性挑食可以
被視為是一種正常的發展過程。

雖然挑食和孩童的發展並沒有直接的相關性，但有研究發現學齡前孩童
常見的便秘問題和挑食有關，挑食的孩童攝取的膳食纖維較少（特別是
來自蔬菜的膳食纖維），因此糞便較硬，較容易出現便秘的情形。此外，
挑食孩童攝取不健康的食物的比例較高，這也讓人擔心這些孩童成長後
的飲食習慣，以及是否會進一步影響健康。

＼ LOOK ／

如何幫助孩子不挑食？

雖然挑食通常會在孩童長大後改善，挑食行為也不一定會影響生長發
育，但我們還是希望孩童能夠均衡飲食並且喜歡各種健康的食物。到底
該怎麼做才能讓孩子不挑食呢？

從懷孕期開始

首先，建議孕婦在懷孕期間食用各種類的食物，尤其是不打算哺乳的孕
婦，懷孕期間是孩子在食用副食品前能接觸多種食物味道的最佳機會。

但是我必須要特別強調，每位媽媽懷孕過程對食物的偏好會改變，我不
鼓勵媽媽們為了減少寶寶未來挑食而強迫自己吃進自己無法接受的食

物，媽媽們也千萬不要因為這件事而感到壓力。養育孩子是一條很長的路，媽媽必須先照顧好自己、要先讓自己開心，孩子才能開心健康地成長。如果孩子真的挑食，只要有耐心並用對方法，孩子通常還是可以慢慢接受各種食物的，即使孩子對某種食物難以接受，也可以從其他食物中補足營養素與熱量，大多數的情況下並不會影響孩子的成長和發育，所以千萬不要為了孩子對食物的接受度而在懷孕或哺乳期間給自己太大的壓力，或是勉強自己吃真的無法吃的食物。

以我為例，我自己從小就無法吃乳製品，一吃乳製品就會反胃嘔吐，雖然我明白乳品的優點，懷孕期間也想過應該要多補充乳品，但我清楚強迫自己喝鮮奶或吃起司會有反效果，原本就很嚴重的孕吐會更惡化，所以我不勉強自己。孩子長大後，還是有接觸乳製品的機會，例如鮮奶、三明治中的 cheese 片、pizza，她們雖然不特別喜歡，但也願意吃喔。

懷孕時孕婦飲食中的風味物質會進入羊水中，哺乳時乳汁的味道也會隨著媽媽的飲食而有所不同，因此孩子在開始吃副食品之前就已經從羊水或乳汁中接觸過這些味道，這些味道會影響幼童未來對食物的偏好與接受度。飲食種類較豐富的哺乳媽媽，乳汁中的味道較多，孩子接觸的味道經驗也更多元，因此母奶寶寶比起喝配方奶長大的孩子更不挑食，也較願意嘗試新的食物。一個以孕婦為受試者的研究中，其中一組孕婦在第三孕期時每週喝 4 次胡蘿蔔汁，每次 300 毫升，連續三週，哺乳期最初兩個月也喝胡蘿蔔汁，另一組只有在懷孕期喝胡蘿蔔汁，對照組則只喝水；當孩子開始吃副食品時，利用量表和錄影的方式記錄孩子對胡蘿蔔風味穀片的反應，結果發現在胎兒時期或母奶中接觸過胡蘿蔔汁味道的孩子，他們對胡蘿蔔風味的反應和母親從來沒有飲用胡蘿蔔汁的孩子

截然不同，前者對胡蘿蔔風味的穀片表現出喜悅的神情。2011 年一個韓國的研究發現，六個月以前就開始嘗試食用副食品的孩子，未來抗拒新食物或只願意食用少數種類食物的機會高出 2.5 倍，而六個月以內全母乳的孩子則較不會對食物有偏好、拒絕食物、或是不願意嘗試新食物。

給孩子時間

當妳提供一個新的食物給孩子時，是否會戰戰兢兢的擔心孩子的反應呢？

孩子面對一個新的食物時，在我們期待他能放進嘴裡品嚐跟吞嚥之前，通常他們會透過各種方式來探索這個新的食物，例如觸摸、聞嗅、玩、把食物放進嘴巴、將食物弄碎。因此，重複讓孩子接觸並以非強迫性的方式讓孩子接觸，能夠增加孩子對食物的接受度；相反的，如果強迫孩子進食會讓他們不喜歡這些食物。實驗中發現，孩童需要接觸一種食物大約 8 ～ 15 次才能真正接受。所以，多給孩子一點機會，千萬不要因為孩子拒絕某種食物就讓這個食物消失在餐桌上。

我家的餐桌上不會只出現孩子愛吃的食物，除了她們接受的食物外，孩子不喜歡的食材我也會準備，但我準備餐點或外出用餐時仍然會考量孩子的喜好度，不會滿桌都是孩子討厭的料理。

我不會強迫孩子吃東西，但會鼓勵她們吃吃看。為孩子準備餐點也是有一些問話技巧的，例如和朋友聚餐的中式合菜，因為餐桌較大，我會為孩子夾她們要吃的食物在小碟子上，通常我會先告訴孩子那是甚麼菜，

例如：「高麗菜你們要多一點還是少一點呢？」這種問法讓孩子只有兩種選項，因此即使那道菜並不受青睞，也會有一點點在他的碟子上，但如果是孩子非常排斥的東西（例如非常苦的苦瓜），我就會允許他們咬很小很小一口，嚐嚐那個味道和感覺就好。

當孩子看著我吃她們不願意嘗試或不喜歡的食物，有時也會問我「這個很好吃嗎？我也想吃一小口看看」。

讓食物多樣化且不刻意在餐桌上避開，孩子即使不吃，看了很多次後也會漸漸接受那種食物，或許某一天她們就搶著吃了起來呢，就像我家的大黃瓜料理，向來都是被孩子排擠的食材，但現在她們兩個會搶著吃玉米粒燉大黃瓜喔。

換個方式

有時候孩子拒絕餐桌上的某種食物，可能並不是討厭那個食物，而是抗拒那種口感、顏色、形狀、調味、分量，甚至是餐盤與餐具。當孩子不喜歡某一種營養的食物，可以提供非常小量給孩子，藉此增加孩子對該食物的接受度，或者試著改變食材的料理方式，例如蒸馬鈴薯變成馬鈴薯烘蛋、把紅蘿蔔切成特殊形狀。

以我家兩個孩子為例，他們無法接受秋葵，但我把秋葵橫切，變成星星的形狀，不但形狀討喜，而且也比較小片，她們就會說「我還要吃星星」；或者某次我利用模具把紅蘿蔔切成不同形狀，討厭紅蘿蔔的孩子來到我家後，大家搶成一片，而且把紅蘿蔔當拼圖邊吃邊玩，這些孩子的媽媽非常訝異，她們可是第一次看到孩子搶著吃紅蘿蔔啊！

還有一個讓孩子接受食物的好方法，就是讓孩子親自動手參與烹調，讓孩子擁有下廚的愉悅經驗。我帶學齡前的孩子動手操作食物的過程中，很常看到孩子主動吃掉了他原本很抗拒的食物。例如討厭吃蛋黃的孩子吃掉了自己煮的雞蛋、討厭小黃瓜的孩子邊切邊吃小黃瓜丁。

我們大家都一樣

如果身邊的人都吃相同的食物，例如餐桌上大家都一人一份相同的食物，孩子也會比較願意吃掉他自己的那份食物。這個方式，對於喜歡模仿，或者不喜歡特別受到注意的孩子來說很適合。

我女兒的好朋友萱口味比較清淡。萱媽說她非常挑食，在家只願意吃白飯、白粥、白吐司、沒有調味的蔬菜（葉菜類和十字花科的高麗菜、花椰菜為主）、嫩豆腐、水果。但很常和這位孩子一起吃飯的我卻從來沒遇過萱媽口中的挑食狀況。因為每次她都和我的兩個孩子一起用餐，每個孩子對我來說都是一樣的，我會為她們準備一樣的食物，甚至是一樣的餐具；面對她沒吃過的食材，有時她會有些猶豫或不知道怎麼食用（例如帶骨的雞肉），她會觀察我家兩個小孩如何津津有味的啃雞肉，然後自己也跟著吃起來；當我家小孩說「我最喜歡蝦子了！」她也會跟著一直吃蝦了（據說她從來不吃蝦子）；或者我知道萱不吃玉米，我就會故意問「誰要玉米？」我家兩個孩子會馬上舉手搶著吃，萱也會跟著舉手說她也想要，她在當下就真的可以很開心地吃著玉米。

所以，對不同的特質的孩子需要不同的方式，萱是個聰明但不喜歡受到特別注目的孩子，因此這種用餐方式很適合她，和同儕一起，她就可以吃進更多樣化的食物。

鼓勵取代強迫

當孩子嘗試他過去不喜歡的食物或是第一次接觸的食物食，給予肯定與讚美，或者給他們獎賞，也能增加他們對食物的接受度。千萬不要用強迫或責罰的方式來脅迫孩子食用他不喜歡的食物，高壓方式不但會讓孩子更抗拒該項食物，用餐的氣氛也會變得很有壓力令所有人都不愉快，有研究發現有壓力的用餐方式會讓孩子將壓力與用餐以及健康的食物連結，若孩子把吃東西和負面的感受連結在一起，會減低孩子進食的樂趣，也會增加挑食的發生，更有研究發現，家長在孩子年幼時給予飲食上的壓力，當孩子長大成年後也較容易出現飲食上的問題。

在這裡必須特別強調，鼓勵孩子進食的獎賞方式可以是一張貼紙、一起共讀一本書、一起玩遊戲，但不可以是糖果零食。因為當我們把糖果作為獎勵的工具，這會讓孩子認為「糖果是一種很棒的東西，而蔬菜（或是他不願意吃的食物）本來就不值得喜歡」，反而會帶來反效果。

有些學者認為以獎勵的方式鼓勵孩子會減低內在的動機，但這只會發生孩子原本就有興趣的工作上，會挑食的孩子原本對食物的興趣較低，特別是他們討厭的食物，因此根本沒有內在動機可以被破壞，所以獎勵方式是可以試試的。

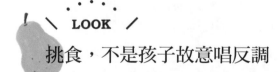

LOOK

挑食，不是孩子故意唱反調

先前提過，大部分的挑食是屬於一種正常的發展過程，但仍然有特殊狀況需要特別留意，例如乳糖不耐症或是食物嚴重過敏者，就可能有生長遲緩、口腔搔癢、腹痛、噁心、腹瀉、或是拒絕某個種類食物的症狀或

行為產生；胃食道逆流者也會有心灼熱、噁心等感覺，因此拒絕食用會使症狀惡化的食物。

根據研究顯示，食物的質地（例如酥脆或黏稠），也是讓孩子拒絕的主要因素之一。觸覺敏感的孩子對於觸覺刺激可能產生抗拒，這類孩子就較易排斥某些食物質地在嘴中引發的觸覺感受，因此口腔過度敏感的孩子會對某些食物帶來強烈的負面感覺，因而拒絕某些食物。

當孩子拒絕食物是因為有生理或心理因素時，需要先接納與同理孩子的感受，並接受孩子的選擇，協助處理與解決孩子的身心狀況後，孩子的挑食行為應該就會有所改善。

. . . . .
\ **LOOK** /

接受並尊重孩子

挑食的成因和遺傳與環境因素有關，挑食可能是一種人類的自我保護能力，以避免吃到有毒的物質，大多數孩童的挑食是一種正常的行為，且都會隨著年紀增長而改善，在懷孕期間或嬰兒時期讓孩子透過羊水或母乳接觸更多種類的食物味道可以減少未來的挑食行為，因此孕婦和哺乳婦可以多吃各種食物；重複讓孩子暴露在新的食物當中，不強迫、不施予壓力，以輕鬆愉快的方式讓孩子接觸食物，並給予獎勵或讚美，可以增加孩子對食物的接受度。

當妳嘗試過各種方式，孩子還是抗拒某種食物，只要沒有影響到他的健康或成長，那麼，就接受並尊重他的選擇吧！我們大人對食物也是會有偏好的，或者會挑食的，不是嗎？

馬鈴薯烘蛋

材料		調味料
馬鈴薯	1 顆	鹽
雞蛋	3 顆	黑胡椒粉
洋蔥	1/2 顆	
菠菜	少許	

技能別	難易度	料理時間	熱量
🤏🤚💧🔥	★★★	20 分鐘	447 KCal

本食譜含 3 人份

M E M O

☆ 馬鈴薯含豐富的碳水化合物、維生素 C、鉀，外皮的營養素含量豐富，若能夠買到品質優良的馬鈴薯，建議在洗去表皮的泥沙髒汙後帶皮烹煮食用。

☆ 菠菜含有豐富的鉀、鎂、鐵，且纖維較細，也沒有特殊氣味，因此若調整烹調方式（例如切成細末混在其他食物中），通常對青菜挑食的孩子也會願意食用。

☆ 人體會自行調節體內膽固醇的製造與代謝，因此只要是脂質代謝正常者，無須擔心雞蛋的攝取會造成膽固醇過高。

作法 ··

 1 馬鈴薯洗淨、去皮、切成薄片,水中加入鹽,以滾水川燙熟透後,撈起放涼備用。

2 洋蔥切丁,菠菜切細;洋蔥不適合孩子切,菠菜適合。

3 雞蛋打散,把步驟 1 的馬鈴薯片放入,混合,加入鹽和黑胡椒。

4 熱鍋,熱油,炒香洋蔥,再加入菠菜拌炒。

5 轉小火,將混合馬鈴薯的蛋液加入。

6 將逐漸凝固的蛋液整成蛋糕的形狀。

7 倒扣到盤子上,再將烘蛋「滑」回去鍋中,繼續煎另一面。

8 兩面都煎熟就可以起鍋了。

＼小叮嚀／

- 馬鈴薯的厚薄會影響水煮的時間,用筷子或叉子戳戳看,可以輕易穿透就可以起鍋。

- 正統的馬鈴薯烘蛋會用到大量的油(植物油或奶油),也會加入培根等食材,這個配方或許沒有正統的馬鈴薯烘蛋好吃,但會比較健康喔。

- 如果孩子會抗拒黑胡椒的辣味,可以省略。

- 菠菜可用其他蔬菜取代或省略。

- 這道料理的馬鈴薯雖然煮熟了,但還保有一點脆度,加上把鹹的料理當作蛋糕切頗具趣味,所以孩子很喜歡這道菜。

玉米粒燉大黃瓜

技能別 🔪〰️	難易度 ★★★	料理時間 **40**分鐘	熱量 **400** KCal	本食譜含 **4** 人份

MEMO ···

☆ 水果玉米富含碳水化合物、蛋白質、膳食纖維、維生素 A，玉米胚芽中也含有豐富的
不飽和脂肪酸，皮薄肉甜，深受孩子喜愛，各年齡層的孩子都很適合食用。

☆ 市售玉米罐頭相當方便，但玉米罐頭大多額外添加鹽和糖調味，可依照自己的需求選購。

材料

大黃瓜　800 公克、玉米粒　200 公克、高湯

調味料

鹽、白胡椒粉

作 法 ···

1　大黃瓜去皮切塊，用刀取下玉米粒。

2　將大黃瓜、玉米粒、高湯一起放入電鍋中燉煮，直到大黃瓜熟透。

3　加入鹽和白胡椒粉調味即可。

＼ 小叮嚀 ／

- 可以用雞骨架或是排骨煮湯，或是以各種蔬菜作為高湯湯底（高麗菜、紅蘿蔔、洋蔥、蘋果這些帶有甜味的蔬果都非常適合），分裝後冷凍隨時可以使用。

- 這道料理讓抗拒大黃瓜的孩子搶著吃，玉米粒應該佔了不小的功勞。所以在料理孩子不喜歡的食材時，換個搭配方式，或許就會讓孩子非常喜歡了。

涼拌秋葵豆腐

技能別

難易度
★★☆

料理時間
15 分鐘

熱量
170
KCal

材料
嫩豆腐　1 盒
秋葵

調味料
醬油

本食譜含 **3** 人份

MEMO ·····························

秋葵富含鈣質，每 100 公克約含有 94 毫克的鈣，是非常良好的鈣質來源。秋葵的黏液
為膳食纖維，對消化不良、食慾不佳、血糖血脂或體重超標者，都非常有幫助，其黏
液也可以作為料理的增稠劑，達到勾芡的效果。

作法 ....

 1 秋葵洗淨後以鹽水川燙,放涼後橫切成約 **0.5** 公分厚度。

 2 豆腐放在盤中,畫刀成方便入口的大小。

 3 將步驟 **1** 的秋葵擺放到豆腐上。

4 淋上些許醬油即可食用。

＼小叮嚀／

- 秋葵沒有味道,又帶有黏稠的黏液,口感也較為粗糙。秋葵的橫切面是美麗的星星,切成薄片比較好咀嚼與吞嚥,孩子們就會喜歡上星星菜了。

- 秋葵的蒂頭切下來後,是星星形狀的天然圖案,可以用印泥或廣告顏料讓孩子創作。

. . . . .
\ LOOK /

紅蘿蔔拼圖炒綠花椰菜

技能別	難易度	料理時間	熱量
	★☆☆	15 分鐘	231 KCal

本食譜含 2 人份

材料

紅蘿蔔　1/2 條
花椰菜　1 棵
大蒜

調味料

鹽

MEMO

紅蘿蔔顏色鮮豔，富含維生素 A、胡蘿蔔素、葉酸，且含有蔗糖與果糖，具有甜味，非常適合入菜以增加顏色與營養。以油拌炒後更能增加脂溶性營養素的吸收。

作法 ··

1 紅蘿蔔洗淨、去皮、切片,再以模具壓出圖案;花椰菜洗淨切小塊,
去除纖維較粗的外皮;大蒜洗淨切片(或切末)。

2 熱鍋,加入一點油,爆香大蒜,加入紅蘿蔔和花椰菜拌炒,加入
水悶煮至需要的軟硬度。

3 以鹽調味。

＼ 小叮嚀 ／

- 每個人喜愛的蔬菜軟硬度不同,請依照自己的喜好來決定烹調時間。
- 紅蘿蔔若沒有食用完畢,可以切塊、切片、或切絲,冷凍保存。
- 不喜歡紅蘿蔔的孩子因為模具帶來特別的圖案,加上我捨不得丟掉外
圈一起放入鍋中煮,讓他們發現紅蘿蔔拼圖的祕密,大家猛搶紅蘿蔔
吃,每個媽媽看到都嘖嘖稱奇。

- - - - -
\ LOOK /

南瓜煎餅

技能別	難易度	料理時間	熱量
✋ 〰〰 🔥	★ ☆ ☆	30 分鐘	64 KCal/ 片

本食譜含 5 片

MEMO ....

☆ 南瓜含有相當豐富的維生素 A、維生素 E、胡蘿蔔素，顏色鮮豔，口感鬆軟，不論是做成甜品或入菜、煮湯，都相當適合。

☆ 南瓜外皮的營養相當豐富，清洗後也可帶皮一起烹煮食用。

☆ 葡萄乾為乾燥的水果，含有豐富的鐵質與鈣質，但市售葡萄乾大多含有植物油以及砂糖，選購時請留意包裝，選擇無另外添加糖的葡萄乾，以免孩子攝取過多添加糖。

材料

水餃皮　**10** 片
南瓜泥　**120** 公克
葡萄乾　**20** 公克

作 法 ···

1　南瓜蒸熟後壓成泥，拌入葡萄乾。

2　以水餃皮包入南瓜泥。

3　將南瓜煎餅以少許油煎熟。

＼ **小 叮 嚀** ／

- 剩下的南瓜和水餃皮可以做成這道小點心。
- 葡萄乾可放可不放。
- 南瓜泥本身就有甜味，葡萄乾也有甜味，所以不需要額外添加砂糖。
- 包裹南瓜的方式可以讓孩子發揮創意。
- 最後的步驟也可以改為水煮、蒸煮、或是半煎煮的方式。
- 多的南瓜可以切成需要的形狀（切塊／切片／切絲）或蒸熟搗成泥，
  冷凍保存。

\ **LOOK** /

蜂蜜照燒雞翅

技能別

難易度
★★☆

料理時間
20 分鐘

熱量
353
KCal

本食譜
含 **7** 隻二節翅

材料

青蔥	**2** 枝	蜂蜜	**1** 大匙
薑	數片	醬油	**1** 大匙
雞翅	**7** 隻		

MEMO

☆ 雞翅富含膠質與脂肪，蛋白質比例也高，雖然肉少但味道鮮美。

☆ 蜂蜜為蜜蜂採集花粉後釀製而成的天然甜味劑，含有果糖和葡萄糖。蜂蜜中可能含有肉毒桿菌的孢子，由於嬰兒的腸胃道酸性不夠，且益生菌的菌叢不夠完整，外來的肉毒桿菌孢子可能在腸道生長繁殖而產生具有神經毒性的肉毒桿菌素，因此一歲以內的嬰兒嚴禁食用蜂蜜或蜂蜜製品。

作法 ···

🤏 **1** 雞翅洗淨,蔥切段,薑切片。

🤚 **2** 熱鍋,加入一點油,把所有材料都鋪上,煎至雞翅表面金黃。

🔥 **3** 加入蜂蜜、醬油,稍微炒一下,再加水淹到雞翅 1/3 高度,蓋上鍋蓋用小火燒,上色後翻面。

4 雙面都上色後,火開大一點把醬汁收到濃稠即可。

＼ 小叮嚀 ／

- 最後的步驟需要耐心和經驗,初學者可以用小火慢慢燒,顧在爐火旁邊以避免燒焦。
- 可以用砂糖或麥芽糖代替蜂蜜。
- 這個料理適合用仿土雞,如果要給較小的孩子吃,可以改用肉雞,但燒的時間要縮短。
- 這道料理帶有甜味,小朋友非常喜歡,可以讓他們手嘴並用,也可以考驗他們手和嘴的靈活度。

Part 2

怎麼吃
才能長高？

是否可以透過「吃」來孩子高人一等呢？身高的決定因子很複雜，我們能控制的因素之一，就是讓孩子好好睡、好好動、好好吃。蛋白質和多種維生素與礦物質都能夠增強骨骼肌肉的生長，或是調節生長相關的荷爾蒙之分泌，幾個富含蛋白質、維生素與礦物質的食譜，既簡單又好吃，不論什麼年齡層都適合，可以和孩子一起動手試試喔。

希望孩子再高一點

相信很多家長都希望自己的孩子長得夠高，不論是男孩或是女孩，身高高一點就似乎多了一點吸引人的特質。社會經濟環境的進步，使得現代的孩子和數十年前的孩子相比，身高較高，性成熟的年齡也來得較早。許多家長對孩子的身高與性成熟時間感到非常擔心，擔心孩子在年幼時就高人一等，又擔心孩子長太慢；不論是擔心孩子長的速度太快或太慢，都是擔心孩子未來的身高矮人一截。

影響身高的因素

身高的決定因素中，包括複雜的遺傳基因，以及飲食、運動、內分泌、疾病、生活型態等因素。其中，遺傳是一個重要的影響因子。美國一項研究指出，父母的身高、種族、以及家庭經濟狀況都會影響孩子的身高，其中父母的身高以及種族都是遺傳因子。身高是一個高度遺傳性且是典型的多基因性狀，從多個研究結果來看，目前可以確定至少有上百個基因位置影響人類的身高，而這些基因位置的基因和一些生物代謝途徑與骨骼生長相關。因此可利用身高預測公式，從父母的身高來估算孩子未來的身高，例如：

男孩身高 =（父親身高 + 母親身高 + 13）÷ 2

女孩身高 =（父親身高 + 母親身高 - 13）÷ 2

雖然遺傳對身高具有影響力，也有一些公式可以推估孩子未來的身高，但這些公式只能提供一個大概的身高數值，父母千萬不要因此認為小

孩的高矮已經被基因所決定了，因而忽視其他可能影響身高的因子。以雙胞胎進行的研究就發現，孩童時期因為雙胞胎的生活形態和環境相近，因此身高、體重等身體測量數值較為相近，成年後的雙胞胎因為生活環境的差異，雙胞胎之間的身形就出現較大的差異。這顯示了基因只是影響身高發育的因子之一，並非決定性的關鍵。

就我自己的看法，基因提供的是一個基礎，但要如何發揮，還得搭配我們可以控制的生活因素，特殊情況下還需要透過醫療方式改善生理問題，若沒有良好的生活模式，生理疾病也不就醫處理，即使孩子承襲了好的基因也無法展現。我的確認識身型較嬌小的父母對於自己的孩子身高體重都低於 3 個百分位生長曲線仍毫不在乎，因為他們認為孩子長得小是遺傳因素，所以不需要帶孩子就醫評估，也不在乎其他可能影響身高的生活模式，例如每天很晚才睡覺、極度挑食。

身高、實際身高與預測身高的差異、以及生長速率，都可能和生長激素有關。生長激素由腦下垂體前葉所分泌，它的分泌是具有節律性的，在睡眠周期進入漫波睡眠（slow wave sleep）時分泌量最高，這個階段也是深度睡眠時期，睡眠不足會減少夜間生長激素的分泌，因此睡眠長短與睡眠品質都會影響生長激素的分泌，進而影響孩童的生長。

現在有許多孩子有過敏性鼻炎的問題，睡眠時很容易因為鼻塞而影響品質，可能睡到一半被自己的鼾聲干擾，或者出現呼吸中止的現象，研究顯示，阻塞型睡眠呼吸中止症會干擾生長激素的分泌，影響生長發育，經改善後，孩童的生長發育以及荷爾蒙的量都有所改善，因此

若孩子有類似的狀況，可以透過醫療或自然療法的協助來改善孩童的過敏症狀，進而改善睡眠品質。

值得一提的是，有一個針對成年人進行的研究發現，睡眠剝奪雖然會讓夜間的生長激素無法像深度睡眠時期大幅增加，但被剝奪睡眠的受試者在白天會增加生長激素的分泌，使受試者不論是否有睡覺，24 小時內的生長激素分泌總量差不多；但要特別留意的是，由於讓幼童接受睡眠剝奪的實驗違反實驗倫理，因此這個研究受試者為 20 ～ 26 歲的成年人，因此我們無法確定成長時期的孩童在睡眠不足的情況下，生長激素分泌總量是否與成人一樣不受影響。規律的作息與充足的睡眠對孩童的情緒和學習能力都有相當的幫助，因此，即使深度睡眠對孩童的每日生長激素分泌總量不一定有顯著影響，讓孩子維持良好的睡眠習慣仍然非常重要。

運動量足夠的孩子，睡眠品質較好，通常食慾也比較好，因此建議孩童每週至少從事三次運動，每次約三十分鐘，心跳率達到約每分鐘一百三十下。

另外，合宜的營養也能幫助孩子的生長發育，多吃自然的食物、均衡飲食、避免精緻加工或高脂高糖飲食，是幫助孩童健康成長的飲食方式，後續我們會再詳加說明。

此外，很常看到家長在討論是否需要讓孩子施打生長激素來幫助孩子長高，或者利用藥物抑制性腺發育，以延緩孩子的性成熟。雖然這些

是臨床上的治療方式，但主要是針對生長激素缺乏或是性早熟的孩童進行的治療，並不適合一般孩童，且這些治療方式要價不菲，因此在治療前務必至小兒內分泌科就診，再與醫師討論治療的必要性。

\ LOOK /

長高和飲食的相關性

身高體重是衡量營養狀況的一個指標，在一些開發中或未開發國家，營養不良的孩子有極高比例出現體重低下（體重低於同年齡孩童正常平均體重的兩個標準變異數）、生長遲緩（身高低於同年齡孩童正常平均身高的兩個標準變異數）、以及消瘦（體重與身高的比值低於正常平均值的兩個標準變異數）的現象。台灣現在的環境中，孩子鮮少有飲食不夠的情形，但是卻有不少孩童因為飲食習慣不佳而造成營養不良，例如甜食攝取過多造成體重過重或肥胖，或是嚴重挑食而導致特定營養素的攝取不足。

許多國家的調查都發現現代孩童的身高體重顯著高於一個世紀之前，特別是在經濟發展較佳的國家。身形的改變可能原因有幾個，包括交通的發達以及國際化的因素，使得過去只和自己村落鄰人通婚的狀態有所改變，不但開始和其他部落、城鎮、都市的國人通婚，也和不同種族或不同國家通婚，因而增加了基因的異質性。醫藥與環境衛生的改善，大幅減少了感染的發生，感染導致的腹瀉，不但在短時間內會使體重減少，

若長時間腹瀉也會影響未來身高的發展；此外，現代的環境使得孩童的能量消耗減少，例如天冷時有暖氣使用；農業的發展與經濟作物的大量種植，使得食物能以更便宜的售價被更多人所取得，因此減少了過去營養不良而導致的生長遲緩。

研究指出，開發中國家孩童增加熱量攝取會增加身高的生長，但熱量的來源、微量營養素攝取情形、飲食的多樣性、疾病、醫療環境、遺傳、工作活動量同時影響著身高的成長狀態。

根據 2012 年的台灣營養健康狀況變遷調查，針對國小學童的調查結果發現，即使台灣目前的生活水平和過去相比已經非常高，但國小學童的熱量攝取仍有超過一半低於國人膳食營養素參考攝取量（DRIs），63％的低年級男生攝取熱量低於 DRIs，高年級女生更有 95% 熱量攝取不足。

LOOK

怎麼吃才會長高？

均衡飲食是必要的飲食方式，除非生理有特殊的健康需求，否則不需要特別針對某一種營養素攝取。網路上常看到一些文章強調特定食物的營養價值，或是具有特殊功效的食物，例如：「幫助孩子長高的七大食物」。其實這些資訊不見得錯誤，但可能會使讀者誤以為只有這些食物能幫助孩子長高、吃了這些食物一定可以長高，又或者變相鼓勵讀者大量攝取這些食物，反而導致營養不均衡。

在營養均衡的前提下,以下幾個營養素在成長時期需求量較高或需要特別留意。

蛋白質

蛋白質是建構人體組織的重要成分,為了提供生長發育時期所需要的「原料」,蛋白質的需求相對較高。支撐人體的骨骼、軟骨、韌帶中都含有大量的蛋白質,尤其是膠原蛋白。膠原蛋白是骨質中的重要成分,可以協助鈣質留存於骨質中、預防骨鈣流失。因此可以多攝取蛋白質,特別是優質的蛋白質。優質蛋白質可以提供人體無法自行合成的各種必需胺基酸,一般而言,動物性的蛋白質來源品質較佳,包括乳品、蛋、魚、肉等。素食者可以攝取多樣化的蛋白質來源以攝取足量的必需胺基酸,奶蛋素則可由乳品或蛋類攝取優質蛋白質。台灣的孩童蛋白質攝取量普遍都超過 DRIs,極少蛋白質攝取不足的學童。

鈣質

可以長高的食物,很多人第一個想到的就是鈣質的補充,特別是鮮奶。鈣質不僅是成長期的骨質生長所需要的重要營養素,在青春期之前的骨骼質量影響成年或老年後的骨質密度,年輕時期的骨質密度越高,中老年後發生骨質疏鬆症的機會就越低。根據台灣營養健康狀況變遷調查,兒童奶製品的攝取不足(每日攝取低於一次)的比例達 65.7%,而乳品是鈣質的主要來源之一,乳品的攝取不足可能導致鈣質的攝取量不足。根據國人膳食營養素參考攝取量(DRIs)修訂第七版,台灣兒童的鈣質參考攝取量為 0 ~ 6 個月:300 毫克,6 ~ 12 個月:400 毫克,1 ~ 3 歲:500 毫克,4 ~ 6 歲:600 毫克,7 ~ 9 歲:800 毫克,10 ~ 12 歲:1000 毫克,13 ~ 18 歲青少年的鈣質參考攝取量為 1200 毫克,因此建

議三餐或點心可選用乳品或其他鈣質含量豐富的食材，如魚貝類、深色蔬菜（例如：花椰菜、芥蘭菜）、板豆腐。目前市面上也有許多添加鈣的營養強化食品，例如：果汁、穀類食品。腸道對鈣的吸收率和許多因素有關，包括鈣的化學型式、食物中的其他成分、消化道環境；大量的草酸、植酸、膳食纖維會抑制鈣的吸收，乳糖與維生素 C 則可促進鈣吸收。

維生素 D

人體內約有 99% 的鈣質存在骨骼中，其餘的鈣質則分布在其他組織與血液中。血液中的鈣質又稱為血鈣，血鈣濃度過低或過高，會引發抽搐或心律不整等症狀，因此體內有許多器官以及荷爾蒙參與血鈣的調控，其中包括維生素 D。當血鈣濃度過低時，維生素 D 可以促進小腸對鈣和磷吸收，以維持血中鈣與磷的恆定，維護正常骨骼的功能。維生素 D 是人體可以自行合成的維生素，皮膚接受光照後會使 7- 去氫膽固醇（7-dehydrocholesterol）轉化為維生素 D3，因此每日接受陽光照射 15 分鐘左右，即可使人體合成足量的維生素 D。食物方面，可攝取魚肝與魚油來獲取維生素 D，不少牛乳、奶油、穀類食品中也添加了維生素 D 來強化營養。

維生素 K

維生素 K 參與了骨鈣蛋白質（osteocalcin）的生成，這是由造骨細胞製

造的攜鈣蛋白質，能與鈣質結合，協助骨骼礦化，促進骨骼生成。維生素 K 是動物腸內菌所製造的，肝臟、牛奶等食物均含有維生素 K，綠色蔬菜則是維生素 K 的植物性主要來源，全穀類與水果中也含有維生素 K，但含量較少。

維生素 C

膠原蛋白是結締組織中的纖維蛋白，骨骼中含有大量的膠原蛋白，而維生素 C 可促進體內膠原蛋白的合成，且能促進鈣吸收，因此具有促進骨質密度的功能。新鮮的蔬菜水果能提供豐富的維生素 C。

鎂

人體內有超過一半的鎂存在骨骼中，協助鈣質建構骨骼，使骨骼不易碎裂。飲食中，肉類、海鮮、貝類、堅果、豆類、葉菜、全穀類含量豐富，水果中亦含有鎂。

鋅

鋅參與了核酸 DNA 與 RNA 的合成，因此是生長與修補組織必須之營養素，可促進骨骼發育。蛋白質豐富的食物通常富含鋅，因此貝殼類、肉類、肝臟、蛋類、牛乳、豆類、堅果類等食物都是鋅的天然來源。

碘

缺碘會導致甲狀腺機能低落，造成生長發育的遲滯，也會影響智力的發展，孕婦缺碘更會影響胎兒未來的智力與成長。由於台灣人民碘攝取量不足，因此自 2017 年 7 月 1 日起，添加碘化鉀或碘酸鉀的包裝食用鹽，品名應改為「碘鹽」、「含碘鹽」、或「加碘鹽」，並應加標產品之總

碘含量，且註明「碘為必須營養素。本產品加碘。但甲狀腺病人應諮詢相關醫師建議。」未添加碘化鉀或碘酸鉀的包裝食用鹽，則應該要註明「碘為必須營養素。本產品未加碘。」台鹽販售的食用精鹽大多含有碘（也有無碘鹽供甲狀腺疾病患者或其他特殊需求者使用），若在家烹調建議使用含碘鹽。外食餐飲、加工食品因成本考量，通常不使用加碘鹽，外食族就可能缺乏碘。此外，現在流行使用價位較高的礦物、玫瑰鹽等食用鹽，這類食用鹽中也沒有添加碘，長期食用也可能有缺乏碘的可能。除了食鹽，也可以從海帶、海菜等海中的植物攝取碘。

維生素 A

維生素 A 參與生長、發育、生殖、免疫、與骨質代謝之功能。動物性食物來源包括肝臟、牛乳、蛋、動物油脂，深色葉菜（例如：菠菜、綠花椰菜）與橘色蔬果（例：紅蘿蔔、木瓜、芒果、南瓜、甘藷）中含有類胡蘿蔔素（caroienoids），多種類胡蘿蔔素具有維生素 A 活性，經吸收後，可在身體需要維生素 A 時生成維生素 A。

想長高，不要這樣吃

除了上述的飲食內容，還有一些狀況要特別留意。

磷

磷和鈣一樣是骨骼的組成分，骨骼內主要礦物質成分中，磷與鈣的原子數比例是 3：5。磷廣泛存在於食物中，且是食品添加物的常見成分，腸道對磷的吸收率極高，因此鮮少有磷缺乏的現象，反而要注意磷的攝取過多，因為當磷攝取過多時，會影響鈣的吸收，造成鈣吸收不良。台灣國小學童的磷攝取量超過 DRIs，碳酸飲料、洋芋片、火鍋料、珍珠奶茶中的珍珠粉圓、非純米製作的米粉……都可能為了口感、風味、保存而添加含磷的食品添加物。

咖啡因

咖啡因的攝取會促進鈣的排出，咖啡因對孩童的健康影響可不只如此（詳見第三單元），因此不建議孩童攝取含有咖啡因的食物，包括茶、咖啡、可可。

糖

攝取葡萄糖後,血液中的生長激素會快速且明顯下降,至少 2 個小時,有胰島素抗性的受試者生長激素的基礎值和攝取葡萄糖後的濃度又低於胰島素敏感的受試者。生長激素在降低後數小時,又會急遽增高,最後再趨於平穩。這些研究中都可以看到糖的攝取對生長激素的干擾。糖的攝取為什麼會干擾生長激素的濃度呢?可能是糖類的攝取導致胰島素快速增加,因而增加類胰島素生長因子(insulin-like growth factor-1)的分泌,進一步對生長激素產生負調控。

飲食不均衡

關於飲食,我得一再強調,雖然前面所述的營養成分有助於骨骼的生長,但營養均衡才是最重要的飲食方針。例如有些人認為鮮奶是優良的蛋白質與鈣質來源,因此把鮮奶當水喝,過量的攝取反而造成體重過重或肥胖。一般健康的孩子即使身材矮小,也很少單純缺乏特定營養素,因次無須刻意補充,以免造成身體的負擔。

除了三餐均衡飲食之外,要特別注意孩童的點心攝取,許多家長或是幼兒園在兩餐之間會提供點心給孩子,但為了方便與成本考量,加工食品成了常見的點心種類。作為點心食用分量不至於太多,但若長期攝取,仍有健康上的疑慮,例如攝取了過多的精緻醣類、食品添加物、氫化油脂、以及熱量,使得台灣不少孩童體重過重或肥胖。

一個研究中利用學齡前孩童及其母親作為實驗對象,利用問卷了解餵食方式、孩童的飲食攝取、孩童的體型、以及家庭的食物選購清單,結果發現不節制的飲食以及過多的甜食都會顯著增加體重對身高的比值,甜

食與飲料的採購量也與體重的增加有關，也就是甜食與飲料的購買與攝取會導致孩童的肥胖，而且在短短數個月內就有顯著的增加。

針對台灣學童與父母的研究中發現，父母對孩子營養與飲食的教養方式影響孩子的體重，例如權威開明型（authoritative）的父母可能透過不在家中存放不適合孩子的食物來控制孩子的飲食，這一類父母的孩子肥胖比率顯著低於權威專制型（authoritarian）與寬容放任型（permissive）的父母。

脂肪組織會分泌雌激素，因此肥胖會導致雌激素增加，加速生長板密合、加快成長速度、加速性成熟的發生，對女孩的影響更為明顯；若女孩在 8 歲之前就出現第二性徵或是月經，就代表是性早熟，反之，13 歲之後尚未出現第二性徵，或是 16 歲還沒有月經，就是性晚熟。初經前一兩年是身高增加最多的時候，初經來潮後，過了快速生長期，身高的增長就會變得緩慢，甚至停滯，因此初經早熟的女孩成年後的身高可能較矮。除了身高之外，性早熟也會帶來許多健康方面的問題，包括生理健康與社會心理健康。

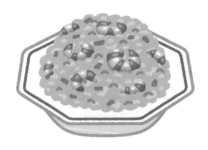

除了飲食，還要配合什麼？

前面我們提過，影響成人身高的因子有很多，除了遺傳或無法排除的生理疾病因素之外，還有許多我們可以從日常生活中著手的，包括先前提到的飲食，還有運動、睡眠等方式。

運動

一般而言，高衝擊性的運動，例如：跳繩、體操、打籃球等跳躍的運動，有利於儲存骨本，活動量較多的孩子骨質密度較大。一般我們會認為體操選手體型較為嬌小，在一項以體操選手以及同年齡的女性以及她們的母親進行的研究，發現體操選手身高較同年齡的女性較矮，但體操選手母親的身高也顯著較矮（換句話說，我們看到的體操選手個頭較為矮小，可能是因為這樣的體型較適合而參與了體操運動，而非體操運動導致身高的生長受到限制）；該研究證實體操選手骨骼中礦物質的含量以及骨密度都顯著性較高，顯示體操運動對骨骼的成長與發育是有正面的幫助。另一個針對 7 歲學童進行的實驗中，將學童分成兩組，除了課程中原有的體育課之外，其中一組增加跳躍運動，另一組增加伸展運動，每週三次，每次 20 分鐘（暖身 5 分鐘、跳躍或伸展 10 分鐘、緩和運動 5 分鐘），跳躍組的學童需要跳過 24 英吋高的跳高箱，在實驗期間逐

步訓練至最高跳 100 次；實驗為期 7 個月，在實驗前後以及實驗結束後的每年都量測骨密度與身高體重，持續 8 年；實驗結果發現，跳躍組學童的骨密度顯著較高，兩組間骨密度的差異逐年減少，但跳躍組的骨密度在 8 年後仍然較高；有趣的是，兩組學童一開始的身高沒有差異，但在 8 年後伸展組的孩童身高顯著較跳躍組的孩童高，不論男女都有顯著差異。

從以上兩個實驗看起來，適當的運動形式與運動量可以增加骨密度，卻不一定會幫助長高，反而可能使得身高較矮。根據一些研究發現，在青春期前或青春期時進行過度的運動可能反而影響身高發展，每週超過 18 小時運動訓練量的體操選手生長速度較為緩慢且無法達到預測的成年身高，女性選手的身高較明顯受到運動訓練影響。不過這些研究對象為運動選手，體操、芭蕾、花式滑冰等運動不但需要大量運動訓練，也需透過飲食來控制體重，因此這些運動選手身高發展受限的原因是來自運動訓練或是飲食控制，尚未有肯定的答案。每週 15～18 小時以內的中等強度運動，充足且均衡攝取營養，運動訓練對於身高的發展應該不至於有負面影響。

睡眠

睡眠品質不佳的孩童血液中的生長激素濃度較低，深度睡眠可以促進生長激素的分泌，因此建議讓孩童保有規律的作息與充足的睡眠；壓力也會影響睡眠，或者影響體內複雜的內分泌系統，因此讓孩子適度的學習放鬆、避免不必要的生活壓力，對孩子的身心發展都有正面的幫助。睡眠品質受到許多因素影響，除了睡眠習慣與身體健康因素外，睡眠環境的音量、光線、溫度，甚至是寢具，對睡眠都會有影響。一個有趣的研究發現，適當的寢具材質會促進深度睡眠、影響睡眠品質，並提升生長激素的分泌，所以，為孩子選擇適合的睡眠環境也是很重要的呢。

健康狀態

孩子的健康狀態也會影響成長發育，例如先前提到的鼻過敏會影響睡眠品質；若曾因為感染而導致長時間的腹瀉，這不但短期間內造成體重下降，也會影響後續的身高；消化系統疾病可能影響營養素的吸收，間接影響身高生長；甲狀腺或腦下垂體的異常，將影響甲狀腺素或生長激素的分泌，對身高有明顯的影響；其他疾病，例如先天性心臟病，也有較高比例的孩童身高和體重偏低。這些健康狀況都需要尋求專業的醫療協助，當孩童的健康狀態穩定且理想，身高自然就不會偏離平均值太遠。

許多父母可能帶孩子就醫尋求醫療上的協助，包括生長激素的注射或是延緩性成熟的治療，此外，中藥的「轉骨方」也讓不少父母趨之若鶩，由於每個人的體質不同，發育的速度也不同，這些中醫藥的方子需要針對每個人的體質來調製，且需要在適合的時間點服用，太早或太晚喝可能都沒有效果，若誤信偏方、選擇不適合孩子的藥方，更可能出現反效果，不得不慎。因此不論是要尋求西醫或是中醫的療法，都一定要經過

專業的醫師評估後再使用。

若照顧者留意了孩子的飲食、睡眠、身體活動、生活習慣，但孩子的身高仍有特殊生長情形，例如低於 3 個百分位或高於 97 百分位生長曲線，或是原本在特定百分位生長的孩子，突然離開原本的生長曲線，快速成長或暫停生長，或是女孩在八歲以前就出現第二性徵，這些都可以到小兒內分泌科就診，透過醫師專業的評估與醫學上的檢查，可以協助了解問題，並及早處理，以幫助孩子能夠健康成長。

我們期望孩子能長高長得好看，但父母更希望的，其實是孩子能夠健康啊，對吧？補充一個有趣的實驗發現：長得高的孩子，為了要將血液送往較高大的身體各處，就需要增加血壓，因此這些孩子的血壓較高。雖然實驗中的孩子血壓都落在正常值內，但這也可以看到，身高太高其實也會增加身體負擔的。所以，孩子健康、用自己的步調成長是最重要的，不需要特別羨慕身高高、身形特別好看的人，更不需要為了身形而讓孩子接受不必要的治療。

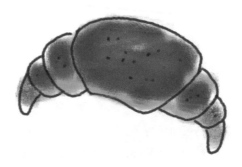

荔香鮮果蝦仁

技能別	難易度	料理時間	熱量
🤚 💧 🔪 🔥	★★☆	30 分鐘	578 KCal

本食譜含 **4** 人份

MEMO

☆ 蝦子的蛋白質，搭配水果的維生素與礦物質，都是孩子生長所需要的元素。

☆ 水果中的維生素 C 能幫助鈣吸收，因此烹調時利用餘熱將水果和蝦仁拌勻即可，不需要長時間加熱以免破壞維生素 C。

☆ 蝦子的蛋白質含量豐富且易腐敗，購買時可選購活凍的鮮蝦，稍微解凍後即可入鍋煮食，並儘快食用完畢，才能保有新鮮的口感。

材料	調味料
荔枝　10 顆	鹽
奇異果　2 個	太白粉
蘋果　1 個	
蝦子　300 公克	
蛋白　1 顆	

作法 ....

 1 蝦子去頭、去殼、去腸泥，切塊，加入蛋白、鹽、太白粉抓一下。

 2 水果洗淨後取肉切小丁。

3 熱鍋，加入一點油，把蝦仁丟入拌炒，蝦子熟了就可以把水果丟入。

4 加一點鹽調味拌勻，即可起鍋。

＼ 小 叮 嚀 ／

- 這道菜僅用鹽調味，可以吃出食材的原味。
- 蝦仁用蛋白和太白粉抓過，拌炒後比較不會縮，水分也可以留在裡面。
- 蝦仁不能炒過頭，只要幾分鐘就熟了。
- 夏天可以用荔枝，秋天可以用柚子。
- 建議自己買蝦子剝，或是買現剝的蝦仁，並馬上低溫保存或烹調。

香蔥雞湯拉麵

技能別	難易度	料理時間	熱量	本食譜含 **3** 人份
	★★☆	30 分鐘	512 KCal/ 人份	

MEMO

台灣幾乎一年四季都有高麗菜，適合生吃、做成泡菜，或是油炒、清蒸、燜熱等方式料理，都可以吃出高麗菜特有的甜味。高麗菜含有豐富的維生素 C，特別是外部的葉片。購買回家可從最外層的葉片開始剝取食用，剩餘的部分再冷藏保存，可以延長保存期限。

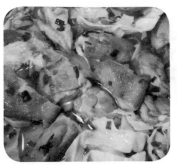

材料

去骨雞腿　2隻　　　紅蘿蔔　1小條

青蔥　1把　　　　　拉麵麵條

高麗菜　1/3顆

調味料

鹽

白胡椒粉

作法 ···

 1　青蔥切末、高麗菜和紅蘿蔔切絲。（青蔥不適合孩子切，青菜可）

2　熱鍋，將雞腿的皮朝下煎，把油逼出來。

3　把雞腿取出，切成適合入口的大小。

4　將蔥花丟入留有雞油的鍋子中，用雞油把蔥花炒香，盛起備用。

5　將切好的雞腿放回鍋中炒，再加入高麗菜絲與紅蘿蔔絲拌炒，最後加入水或高湯一起煮，再調味。

6　麵煮熟後盛入碗中，加上蔬菜雞湯（步驟5），最後再灑上雞油蔥花（步驟4）。

＼ 小叮嚀 ／

- 若孩子不愛吃蔥，可以將步驟4的蔥留在鍋中和其他材料一起燉煮，使蔥的辛辣味消失。
- 帶皮雞腿煎過後會出很多油，若油量太多可倒掉一部分的油再炒蔥花。

\ LOOK /

果香燉排骨

技能別

難易度
★ ☆ ☆

料理時間
45 分鐘

熱量
990
KCal

本食譜含 **4** 人份

MEMO ....

☆ 蘋果性平味甘酸,在中醫中被視為具有健脾胃、生津解渴的效果,可以用來改善倦怠、食慾不振、便秘、腹瀉等症狀。

☆ 蘋果果皮的營養成分遠高於果肉,因此可以連皮一起食用。

☆ 梨子在中醫中具有生津止渴、潤燥化痰、潤腸通便的效果,生吃可以清熱,熟吃可以滋陰。梨子富含維生素 B、維生素 C、膳食纖維。腹瀉和血糖過高的患者則不宜多吃。

68

材料

蘋果　1 小顆、水梨　1/2 顆、
排骨　300 公克、紅棗　12 顆、
鴻喜菇　100 公克、金針菇　100 公克

調味料

鹽

作 法 ···

 　1　蘋果、水梨去皮去籽切大塊，排骨川燙去血水，紅棗洗淨泡水。

　2　所有材料加水燉煮，最後以鹽調味。

＼ 小 叮 嚀 ／

- 這道湯有非常天然的甜味。
- 搭配麵條或糙米，就是簡單又均衡的一餐。
- 可加入綠色蔬菜一起煮，增加營養，且可增加顏色的豐富度。

. . . .
\ LOOK /

鮮蔬麻油雞

技能別	難易度	料理時間	熱量
	★★☆	40 分鐘	1046 KCal

本食譜含 4 人份

MEMO ••••••••••••••••••••••••••••••••••••••

由於麻油不耐高熱，因此若習慣將薑片煸炒至乾扁，請將薑切薄一點，或者在這個步
驟以耐熱的油來取代麻油，最後再淋上麻油增添香氣。

材料

薑片、麻油

去骨雞腿肉　2 片

紅棗　12 顆

雪白菇　100 公克

紅蘿蔔　1/2 根

綠花椰菜　1 朵

作 法 ••

1　蔬菜清洗後切成適當大小，紅棗和枸杞洗淨後泡水備用。

2　熱鍋後加入麻油，以小火爆香薑片。

3　將雞肉塊下鍋煎至表面金黃。

4　加入水、紅棗燉煮。

5　加入蔬菜煮熟即可。

＼ **小叮嚀** ／

- 煮這道菜可不需調味，蔬菜和雞肉自然的甜味和麻油的香味就很豐富了！
- 麻油和薑的份量請自己拿捏，若有孩子享用，也不建議加米酒。
- 搭配麵包、糙米飯、麵線、麵條，都很適合喔！

蒸蛋

\ LOOK /

技能別	難易度	料理時間	熱量
🤚 〰️	★☆☆	20 分鐘	85 KCal

本食譜含 1 人份

MEMO

☆ 雞蛋在生產過程中會沾附到母雞的糞便或羽毛，容易有沙門氏菌在表面，所幸雞蛋本身有一層保護層，堵住氣孔，避免外來的病菌入侵。市售的盒裝蛋多為洗選蛋，經過清洗後，雖然洗去雞蛋表面的髒汙，但也破壞了雞蛋本身的保護層，因此洗選蛋應以冷藏方式保存，並儘快食用完畢。若購買非洗選蛋，應先擦拭（不可清洗），再冷藏保存。

☆ 雞蛋為優質蛋白質來源，提供人體生長所需的各種必需胺基酸，且含有脂肪、鈣、磷、鈉、鉀、鐵、鋅、銅，以及維生素A、E、B群等多種營養成分，含有成長期需要的營養。

☆ 菇類含有游離胺基酸，包括麩胺酸，是天然的鮮味來源。

材料
雞蛋
水（或高湯）
鹽、新鮮香菇

作 法 •••

1　製作高湯或熱鹽水。

2　打散雞蛋。

3　蛋液和高湯（或鹽水）以 **1：2** 的比例混合，加入鴻喜菇。

4　放入電鍋，蓋上蓋子，外鍋約用 **1/4** 杯的水蒸熟即可。

\ **小 叮 嚀** /

- 我偏好以蛤蜊湯作為蒸蛋的高湯。因為蛤蜊本身就有鹹味，不需另外加鹽調味。

- 鹽在短時間內不易融於冷水，因此要用溫熱的水將鹽分溶解，以免蒸蛋的鹹度不均勻。

- 和蛋液混合的高湯或鹽水，溫度不可以太高，不燙手的溫熱度才不會把蛋燙熟。

- 攪拌蒸蛋的過程不需要過度攪打以免起泡，成品會比較不漂亮。

- 為了追求超嫩口感，可將打不散的濃稠蛋白濾掉，但凝結的蛋白塊也很好吃。

- 蒸蛋裡面的食材可以自己調整，若沒有使用高湯，會帶來鮮味的菇類是很棒的選擇。

- 蒸的時候，蒸蛋碗上建議蓋上蓋子（或使用個盤子倒扣）。但不建議用保鮮膜來覆蓋，不安全而且很不環保。

櫻花蝦鮭魚芝麻烤飯糰

技能別

難易度
★★☆

材料
糙米、白米、
櫻花蝦、
青江菜、蒜頭、
黑芝麻、海苔

料理時間
20 分鐘

本食譜含 1 人份　本食譜熱量以一碗飯計算

調味料
鹽

熱量
355
KCal

MEMO ....

櫻花蝦、黑芝麻、海苔都屬於高鈣食材。過去許多人以為菠菜鈣質含量豐富，但青江菜的鈣質反而高於菠菜，若可以接受香椿的味道，香椿可是蔬菜中鈣質含量最多的食材。

作法 ···

💧 ♨ **1** 糙米與白米以 1：1 的比例煮熟放涼。

💧 🔪 **2** 青江菜洗淨切細，櫻花蝦洗淨，蒜頭切末。

🔥 **3** 熱鍋，以些許食用油炒香蒜頭，再依序加入櫻花蝦和青江菜拌炒。

✋ **4** 將米飯與步驟 **3** 的食材以及黑芝麻攪拌均勻，捏成喜愛的大小與形狀。

🔥 **5** 放入熱平底鍋中，將表面煎一下。

✋ **6** 包上海苔。

＼ 小 叮 嚀 ／

- 糙米較為營養，但全糙米黏性較差，口感也較不討喜，因此混合一半
  的白米烹煮。
- 可以買熟芝麻，或是自己再炒過會比較香。
- 捏飯糰時手上可以沾上鹽水，避免黏手，也可以使飯糰帶有一點鹹味。

Part 3

小孩眞的
不能
喝咖啡嗎？

巧克力、可樂、紅茶、抹茶、咖啡……，這些都是常見的食物，
也都含有咖啡因。咖啡因對身體有影響，對社會心理甚至也會
有影響，到底孩子能不能吃咖啡因、能吃多少？這個章節提供
了完整的答案。孩子也和大人一樣，偶爾想要喝點白開水以外
的飲料，那就試試這個章節的食譜，製作健康又不含咖啡因的
飲料，讓生活來一點變化吧。

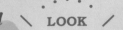

我可以喝咖啡嗎？

「媽媽，這是甚麼？我可以喝嗎？」

「這是咖啡，小朋友不能喝。」

「為什麼？」

「小朋友喝咖啡睡不著，很累很累還是睡不著，睡太少就會頭痛，所以
不能喝。」

「媽媽，這是甚麼？我可以喝嗎？」

「這是汽水，小朋友不能喝」

「為什麼？」

「喝汽水也會讓妳睡不著，而且汽水裡面加了太多東西很不健康。汽水
裡面有很多泡泡，喝起來刺刺的，妳可能會害怕，妳想試試看嗎？」

這是我和我家孩子的對話。

「我家只有水喔！」每當有朋友要來我家作客時，我都會先這麼強調一
下，告知她們如果有喝飲料的習慣就要麻煩她們自備。因為這樣，我家
小孩對飲料不太熟悉。在外用餐時如果必要，我通常也只會點小朋友可
以喝的飲料，例如無咖啡因的花果茶，或者是果汁，但偶爾餐桌上還是
會出現她們沒見過的飲料讓她們感到好奇，很想嘗試看看。我家兩個孩
子的優點之一就是在把任何食物放進嘴巴前會先問過我，我也因此可以
幫她們篩選食物，並讓她們了解哪些種類的食物不能吃，以及，更重要
的是，為什麼不能吃。

含有咖啡因的食物，我不太讓孩子接觸，現在兩個孩子一個七歲了，一

個五歲，我只有幾次讓她們喝幾口紅茶（每次最多只能喝 1 ～ 3 口），還有喝過一口可樂體驗一下刺刺的感覺；至於一樣含有咖啡因的巧克力呢，這是屬於甜食類，偶爾可以吃一下，但我只提供純度不高的巧克力（純度較低的巧克力雖然咖啡因含量少，但也有其他問題，所以只能少量食用，滿足一下想吃甜食的心靈）。為什麼我不讓孩子攝取咖啡因呢？除了本章節會提到的一些問題之外，我最不想面對的就是小孩睡不著讓我也無法睡覺，我想這是所有媽媽們都很害怕的情況吧？！（笑）

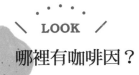

\ **LOOK** /

哪裡有咖啡因？

咖啡因是存在於果實、種子、或是葉子裡的天然物質，具有苦味，能夠保護植物免於病蟲害。咖啡、紅茶、巧克力等常見的食物或飲料中含有咖啡因的成分，可樂、能量飲料、或是一些止痛劑中也含有咖啡因。根據調查發現，大約有 90% 的成年人有使用含咖啡因產品的習慣，平均一天攝取 227 毫克咖啡因，最常見的咖啡因來源依序是咖啡、可樂、以及茶。

除了上述常見的產品中含有咖啡因，在國外還有水、口香糖、口含錠、糖果、甚至是洋芋片、麥片中加入咖啡因。由於咖啡因被認為可以去除脂肪、消除水腫，因此一些化妝品或保養品中也會添加咖啡因，強調可以促進血液循環、改善暗沉，宣稱可以預防落髮、促進毛髮生長的洗髮精中也添加了咖啡因。

咖啡因的含量高低，因每種食材而不同，以茶來說，影響茶品咖啡因含量的關鍵是浸泡時間，茶葉或茶包浸泡的時間愈長，咖啡因含量就愈高；咖啡豆的品種、烘焙度、沖泡時間等因素也影響咖啡中咖啡因的含量。

咖啡因對身體的影響

咖啡因是最常使用的精神活性物質，在動物或人體中都屬於周邊或中樞神經系統刺激劑，咖啡因可以和多巴胺系統作用，引起活動量增加、警醒等行為。

根據研究指出，咖啡（而非咖啡因）可以減少第二型糖尿病的風險；咖啡因能增加能量的消耗、減少體重的增加，還能幫助運動的表現；此外，咖啡因也被發現和大腸直腸癌與帕金森氏症的發生有負相關性，但作用機制尚不清楚。咖啡因在大鼠和靈長類的動物研究中也被發現具有改善學習和記憶能力的功能，能夠增加記憶的固化與保留。一些研究發現不論是成年或兒童的認知功能都會因為咖啡因而有改善，但這些實驗設計上，實驗時受試者需要先停用咖啡因，再使用實驗中提供的咖啡因劑量，因此從實驗本身未能得知認知功能的改善是因為咖啡因本身的效用，還是因為咖啡因的提供恢復了咖啡因停用時的副作用。

雖然美國食品藥物管理局將咖啡因列為 generally recognized as safe（GRAS），也就是一般認定屬於安全的，但過量的咖啡因仍會引起健康上的危害。例如會造成骨鈣流失、不易懷孕、增加流產風險。

在動物實驗中，在腦部發育期給予咖啡因會對腦部功能造成長期的影響，雖然沒有研究針對腦部仍在發育中的人進行咖啡因的研究，但青少年的腦部仍然在發育，包括眼眶額葉皮質（orbitofrontal cortex）和顳葉（temporal lobe），因此若在兒童或青少年時期使用咖啡因，這些部位可能受到咖啡因影響，進而改變了未來的獎賞（reward）和上癮（addiction）機制的作用。

咖啡因可以增加肌肉的收縮效能並減少肌肉的疲累，因此咖啡因可以增加運動的表現，有一個利用運動員為受試者的實驗，提供咖啡因，想了解尿液中的咖啡因濃度達到 12 ～ 15 μg/ml 時的咖啡因攝取量對運動表現的影響，但要達到這個濃度需要飲用 5 ～ 6 杯咖啡，此時受試者已經出現了許多不舒服的反應，例如噁心、嘔吐、腹瀉等，因此若要利用咖啡因來增加運動表現，可能在達到效果之前已經有人體無法耐受的副作用產生了。

咖啡因本身也具有增加能量代謝與減少體重的效果，但若要利用咖啡因來控制體重，需要使用低熱量或零熱量的產品，例如黑咖啡或是低卡可樂。孩童或青少年飲用的咖啡因飲料通常含有糖或其他添加物，含糖飲料的攝取不但會增加體重，也會影響飲食的品質。研究發現，會食用咖啡因的孩童，他們攝取的乳品、水果、蔬菜都較少，這可能是因為會讓孩子食用咖啡因的父母對營養與飲食不重視所致，也可能是這些含糖的咖啡因飲料會改變孩童的口味偏好，因而出現偏食或挑食的行為。咖啡因也會影響營養的吸收，因此許多專家都提醒家長應控制兒童的咖啡因攝取，且在用餐前後應避免攝取咖啡因，以免影響鐵質的吸收。

咖啡因會增加警醒、影響睡眠。哺乳期的媽媽如果攝取了咖啡因，寶寶會透過乳汁間接攝取到咖啡因，這些寶寶較容易躁動、不安、哭鬧；大一點的孩子喝可樂、吃巧克力餅乾、喝熱可可、吃巧克力早餐穀片等，也會攝取到咖啡因，因而出現躁動與睡眠障礙等問題。研究發現現在的兒童和青少年有很高的比例都睡眠不夠，當食用咖啡因後，更會干擾夜間的睡眠；因為睡眠不足，日間會感到疲憊、精神不佳，為了提神就可能會再使用咖啡因飲料，造成睡眠紊亂的惡性循環。

孩童的肝腎功能尚未發育完全，對咖啡因的代謝較成年人緩慢，因此攝取咖啡因後對身體的影響更大，較容易出現心悸、焦慮、失眠、情緒改變、專注力不佳、頭痛等情形，長期飲用更可能影響腦部與智力發展，影響學習。因此應該避免提供。

\ LOOK /

咖啡因與社會心理問題

孩童攝取咖啡因，除了刺激神經系統、影響睡眠品質、影響腦部發育，並且可能出現易怒、噁心、焦慮不安的症狀之外，根據研究調查發現，孩童與青少年攝取咖啡因也和一些社會心理問題有相關性。

停止或減少咖啡因攝取後，可能出現生理或心理的症狀，例如：頭痛、倦怠、情緒低落，這些為咖啡因戒斷症狀。過去一些學者認為攝取咖啡因的動機是為了避免戒斷症狀的發生，但是不一定每個咖啡因使用者停止攝取後都會出現戒斷症狀，且使用咖啡因產品的動機依照年齡層而有所不同，在兒童和青少年族群中，他們可能因為同儕壓力或為了增加運

動的表現而使用咖啡因產品。

就像非法藥物和香菸一樣，青少年使用咖啡因和衝動、高度尋求刺激、以及從事高風險行為有關，研究指出每天 240 毫克的咖啡因攝取會增加衝動行為和尋求刺激，每天飲用 4 份以上的咖啡因飲品和抽菸、攻擊行為、注意力與行為問題有關；飲用能量飲料也和青少年從事高風險行為有關。

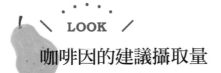

LOOK

咖啡因的建議攝取量

過去數十年，含有咖啡因的產品與廣告越來越年輕化，種類也越來越多，因此孩童和青少年使用咖啡因的比例增加了不少。

以美國青少年或孩童常接觸的能量飲料為例，這些飲料中含有 50 毫克到 500 毫克的咖啡因，相當於一瓶可樂到五杯咖啡的咖啡因含量，同時含有大量的糖分。能量飲料的廣告強調高風險的活動或極限運動，或是打出「給你一對翅膀」的口號，十分吸引青少年或孩童；美國市面甚至曾經出現了強調小包裝、適合 4 歲以上孩子飲用的能量飲料，因而鼓勵父母購買給孩子飲用。

台灣的能量飲料雖然不像美國氾濫，孩子在學齡前或是國小的年紀也不太會因為疲倦而感到困擾，所以通常不會使用咖啡或茶來提神，但台灣的便利商店與手搖飲料店滿街都是，飲料店裡的珍珠奶茶、咖啡拿鐵，

或是便利商店的包裝飲料，甜甜的很好喝，價格也不高，所以孩子很容易就會接觸到這些產品。邁入青春期或是青春期的孩子，開始會在意身材，因此主打「油切」、「窈窕」、「健康」的無糖茶品很容易吸引開始在乎身材或是認為這些無糖飲料對身體較好的孩子。此外，一些巧克力或是抹茶點心也很容易取得，這些產品雖然不會一次吃進太多咖啡因，但若每種東西都攝取一些，咖啡因的是攝取量也不容小覷。

根據研究統計，美國兒童每公斤體重所攝取的咖啡因量大約是成人的1/3，而青少年攝取的量將近是成年的1/2。雖然根據這個統計研究看起來這樣的咖啡因攝取量沒有帶來任何危害，但是含有咖啡因的食物很廣，統計調查所得的數值會低於真正的食用量，此外，咖啡因對孩童和青少年影響的相關研究很少，例如咖啡因在不同年齡層的孩童體內之代謝情形，因此無法訂定出安全的咖啡因使用劑量。

200～300毫克的咖啡因可以使人感覺舒服、專注力提升、精神較好、有體力；但超過400毫克的咖啡因則可能使人感到焦慮、噁心、緊張、抖動。有些學者認為，習慣使用咖啡因的人為了使咖啡因發揮正向作用而不具負面影響，因此會持續攝取以維持血液中的咖啡因濃度；部分習慣使用咖啡因的人已經對咖啡因產生耐受性，不會產生負面反應，正面反應也變小，因此會增加咖啡因的攝取量。

台灣目前並沒有咖啡因的建議攝取上限，但依照食品衛生安全管理法第二十二條第一項第十款規定，含有咖啡因成分，且有容器或包裝之液態飲料，每100毫升所含咖啡因低於20毫克者，其咖啡因含量以「20 mg/100 mL以下」標示；每100毫升所含咖啡因高於或等於20毫克者，

其咖啡因含量以每 100 毫升所含咖啡因之毫克數為標示方式；咖啡、茶及可可飲料，每 100 毫升所含咖啡因等於或低於 2 毫克者，得以標示「低咖啡因」替代前述「20 mg/100 mL 以下」用語。

歐盟建議成年人平日不應該攝取超過 300 毫克咖啡因；英國食物標準局建議，孕婦、哺乳婦、計畫生育婦女每天攝取的咖啡因含量應低於 200 毫克；加拿大衛生署建議，健康成年人每天攝取的咖啡因總量應低於 400 毫克，孕婦、哺乳婦、以及計劃生育的婦女每日攝取上限為 300 毫克，兒童每天的咖啡因攝取上限為：4 ～ 6 歲 45 毫克、7 ～ 9 歲 62.5 毫克、10 ～ 12 歲 85 毫克，兒童咖啡因攝取上限不得超過每公斤體重 2.5 毫克。

LOOK

如何控制孩子的咖啡因攝取量？

由於尚未清楚孩童的咖啡因安全使用劑量，大多數的國家沒有對咖啡因制定出孩童的建議攝取上限，但因為咖啡因的攝取對孩童的身心與社會發展都有負面的影響，因此並不建議十二歲以下的孩童攝取咖啡因。但咖啡因存在於許多天然或加工食物當中，應該要如何做才可以控制孩童的咖啡因攝取量呢？我提出幾點建議：

了解可能含有咖啡因的食品種類

首先，照顧者本身要對咖啡因產品有所認識，明白哪些食物中含有咖啡因，以及這些產品中的咖啡因含量。當有了這些認識，才能適量且正確的為自己和孩子選擇食物。

含有咖啡因的產品除了含量較高的咖啡、茶、巧克力以外，許多市售的零食或點心中，也含有咖啡因在其中，例如抹茶口味的餅乾或冰淇淋、巧克力口味的糖果餅乾、茶凍，這些都是孩子很容易攝取到的咖啡因來源，其實成人也很容易忽略了這些咖啡因來源，導致攝取過量而不自知。

與孩子溝通

就像我們會和孩子討論抽菸、喝酒、毒品等話題一樣，我們也應該讓孩子了解咖啡因對他們的影響。針對學齡前年齡的孩子，建議以簡單的方式讓孩子了解，例如讓他們知道咖啡、茶、可樂、巧克力等食物中含有特殊的成分，會讓他們無法放鬆、無法好好入睡，當睡眠不足可能會影響身高、影響發育。當孩子稍大後，和孩子保持開放且良好的溝通，除了可以了解他們本身或同儕使用咖啡因產品的情形，也可以了解他們對這些產品的感受與認識，並進一步讓孩子們了解咖啡因的作用與使用後可能的風險，讓孩子懂得如何適量的攝取。

選擇更天然健康的食物與飲料

如果我們不希望孩子攝取咖啡因，那麼我建議應該減少在孩子面前食用或飲用含有咖啡因的食物，特別是他們感到興趣的食物，或是他們正餓著肚子或口渴時。我認為這是對孩子的一種尊重。

當我們在有大人也有孩子的聚會場合，除了開水，也可以選擇其他不含咖啡因的飲品，例如麥茶、花果茶、洛神花茶、桂圓紅棗茶等。但要特別提醒，一般餐廳的水果茶或是花果茶，很多還是含有咖啡因成分，例如水果茶是由新鮮水果、果汁、果醬，再加上紅茶茶包製作而成，有些花果茶也含有紅茶，因此建議先詢問過店家成分再決定是否讓孩子喝。

麥茶

技能別	難易度	料理時間	熱量
⬬ 〰	★☆☆	20分鐘	0 KCal

MEMO ....

麥茶為大麥經過炒焙後加水煮出來的茶飲，聞起來有咖啡香，喝起來有麥香，不含茶鹼、咖啡因，含有少量的礦物質與維生素，含糖量與熱量極低。大麥味甘性平，在中醫上具有止渴、消暑、益氣、健胃等功能。

材料
大麥、水

作法 ....

⬡ 〜〜〜 大麥洗淨後放入水中煮，大約煮 **20** 分鐘，顏色和香味都出現即可。

＼ 小叮嚀 ／

- 麥茶有獨特的香氣，價格便宜，無咖啡因且無甜味，若無法接受白開
  水的人，可以用麥茶取代開水，但不建議額外添加糖喔。
- 購買大麥時留意包裝上的建議，有的用熱水沖泡就可以飲用囉。
  可以加入一些決明子一起煮，增加香氣。

桂圓紅棗茶

技能別	難易度	料理時間	熱量
◇ 〰	★★☆	20 分鐘	100 KCal/500 毫升

本食譜約 **1500** 毫升

MEMO ···

紅棗甜度高，可以做為水果生食，也可以曬乾後入菜或是煮茶。紅棗營養成分豐富，
新鮮紅棗維生素 C 含量豐富，乾燥後，水分蒸散且維生素 C 受到破壞，使得甜度提高，
鈣、鉀、鎂、磷等礦物質比例則更為豐富。

材料

桂圓肉 60 公克、紅棗 60 公克、水 1500 毫升

作 法 ···

💧 **1** 　紅棗洗淨。

♨ **2** 　所有材料加水煮沸後，轉小火煮出甜味。

＼ **小叮嚀** ／

- ・　桂圓和紅棗都有甜味，可以自己調整水分比例。
- ・　煮好的桂圓和紅棗都可以吃掉，桂圓也可以買去殼去籽的桂圓肉。
- ・　若加黑糖或砂糖熬煮成甜度較高的桂圓紅棗茶，不建議當開水飲用。
- ・　台灣苗栗公館一帶也有種植紅棗，可以多多支持台灣在地的農產品喔。
- ・　也可以加一點枸杞一起煮，會增加不同風味。

LOOK

技能別

檸檬洛神花茶

本食譜約 **1800** 毫升

難易度
★ ☆ ☆

料理時間
20 分鐘

熱量
15
KCal/500 毫升

MEMO

我們所食用的洛神花，其實是洛神果實的萼片，口感酸澀，通常曬乾後煮成茶或是製作成蜜餞食用，蜜餞不但可以直接吃、拿來泡茶、也可以搭配肉類料理達到解膩與提味的效果。洛神花味酸性涼，能清熱、生津、開胃，但不宜過量食用／飲用。

材料

乾洛神花　15 公克

水　1800 毫升

檸檬　1/2 顆

冰糖　15 公克

作 法 ••

  1　洛神花乾清洗後，加入水中煮，水開後以小火煮 15 分鐘，過濾。

2　加入冰糖與新鮮檸檬汁調味。

＼ 小 叮 嚀 ／

- 冰糖可用砂糖或蜂蜜取代。
- 洛神花味道偏酸，不加糖的接受度較低，因此建議加一點糖。
- 加一點檸檬汁會增加不同風味，也可以省略。
- 乾洛神花在中藥行或部分雜貨店有販售，若遇到洛神花的產季，也可以購買新鮮洛神花回來熬煮。

薏仁水

技能別	難易度	料理時間	熱量
💧 〰	★☆☆	60 分鐘	60 KCal/500 毫升

材料
薏仁、水

MEMO

薏仁富含膳食纖維可改善便秘，實驗發現具有抗腫瘤的效果，中醫上，薏仁可協助排除體內的溼氣。

作法 ··

💧 **1** 薏仁一杯，洗淨，泡在水中數小時（或隔夜）。

♨ **2** 將浸泡後的薏仁放入電子鍋或電鍋中蒸煮。電子鍋請選用糙米模式；若使用電鍋，外鍋用 2 杯水煮 2 次。

3 去除薏仁顆粒，把薏仁水裝瓶後放在冰箱保存，分次飲用。

＼小叮嚀／

- 薏仁與水的比例約 1：20。
- 無調味的薏仁水相當好喝喔。
- 若喜歡吃薏仁，可以把薏仁拌一點砂糖當點心吃，但要留意不要吃太多。
- 薏仁也可以拿來製作麵包，或者拌入米飯中一起食用。
- 薏仁漿是連同薏仁顆粒打成漿狀，所以顏色較白（如左頁照片中右邊那一杯），熱量也較高。

芒果優格

技能別	難易度	料理時間	熱量	
🤚 💧 🔪	★☆☆	10 分鐘	160 KCal	本食譜含 **1** 人份

MEMO

☆ 芒果香氣濃郁、果肉甜膩，是許多孩子喜愛的水果。

☆ 芒果營養豐富，含有維生素 A、維生素 C、類胡蘿蔔素、膳食纖維，但也含有高量的糖類，因此要留意攝取量，特別是肥胖或糖尿病患者。

☆ 優格為發酵的乳品，不同品牌的優格以不同細菌發酵而成，發酵時產生的酸會使乳蛋白凝固，因此優格質地濃稠或呈半固態、味酸，市售優格多會添加大量甜味劑以增加消費者的接受度。

材料

芒果 1/2 顆、無糖優格 200 公克

作 法 ••

  1　芒果洗淨、去皮、切塊。

2　加入無糖優格，以果汁機打勻。

＼ **小叮嚀** ／

- 建議自製無糖優格或是購買無糖優格。
- 若購買不到無糖優格，可選用低糖優格搭配甜度較低的水果。
- 香蕉、藍莓、草莓、葡萄、芒果、奇異果、蘋果等水果都適合製作水果優格。

LOOK

技能別

鮮榨蔬果汁

本食譜含 1 人份

難易度
★★☆

料理時間
15 分鐘

熱量
100
KCal/500 毫升

MEMO

☆ 平常烹煮西洋芹時會因為纖維不易咀嚼與吞嚥而先將較粗的纖維去除,但打蔬果汁時可以帶著纖維一起攪打並喝掉。

☆ 所有蔬果都含有膳食纖維,可以增加糞便體積、協助腸胃蠕動,幫助糞便排出,因此被認為具有「排毒」功能。膳食纖維也是腸內好菌的營養來源。

☆ 鳳梨含有鳳梨酵素,有助於消化,若拿來入菜也可以協助軟化肉質與提味。

☆ 蔬果中的維生素 C 經過削皮、切塊、果汁機攪打後會快速流失,攪打完後靜置 10 分鐘又會再減少將近一半的維生素 C,因此建議打完後馬上飲用。

材料

西洋芹 50 公克、紅蘿蔔 50 公克、
蘋果 70 公克、鳳梨 70 公克、水

作法 ···

  所有蔬果洗淨後切塊，加水打成汁。

＼ 小叮嚀 ／

- 蔬果汁打完後要儘快喝掉。
- 高麗菜、番茄、苦瓜、奇異果等蔬果也很適合。
- 水果富有甜味，比例可以比蔬菜多一些，孩子較喜歡。
- 若無法接受無糖的蔬果汁，可以添加一些蜂蜜或是養樂多調味，但不
  建議大量飲用。

Part 4

吃早餐
成績會更好？

有些研究發現吃早餐會影響孩子的認知學習能力，有些研究又說這根本沒有相關性，甚至有文章指出早餐很危險。營養均衡的健康早餐，對健康的孩童與成人，還是有其必要性。每天早起一點，讓健康早餐上桌，一起用過早餐再各自出門面對嶄新的一天吧！

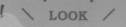

早餐真的重要嗎？

「早餐要吃得好，才能提供一天滿滿的活力，而且工作能力／學習力會變好」這是很多人根深蒂固的觀念，因為我們從小就這樣被教育著。

但提倡斷食療法的《空腹奇蹟：現代營養學不願透露的真相，奇效斷食健康法，啟動身體最強自癒力》一書中，作者船瀨俊介卻表示「早餐很重要」的觀念是錯誤的，這是過去不嚴謹的實驗才獲得的錯誤結論。

"Breakfast is a Dangerous Meal"《早餐是危險的一餐》一書作者 Terence Kealey 博士在 2017 年 2 月份於英國雜誌 The Spectator 發表 "Why eating breakfast is bad for your health" 一文，被台灣媒體於 2017 年 3 月翻譯為「早餐是危險的一餐，不吃為妙」，許多讀者光看到 Kealey 博士的書名或台灣翻譯的這個標題，嚇壞了。

難道，早餐一點也不重要，而且很危險嗎？

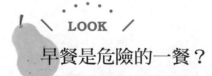

早餐是危險的一餐？

撇開聳動的書名或文章標題，我們先仔細看看 Kealey 博士的論點。

Kaeley 博士認為體重過重、高血壓、體適能不佳、膽固醇或三酸甘油酯異常的人大多有胰島素抗性，所謂胰島素抗性（insulin resistance）指的是身體的組織（例如肌肉、肝臟、脂肪）對胰島素的敏感性／反應度下降，這會導致代謝紊亂，出現胰島素異常上升與餐後葡萄糖異常升高的現象；因此這些人很可能死於相關疾病——心血管疾病，甚至是癌症。

作者認為，早餐後胰島素上升幅度較大，因此不利於胰島素抗性的人。此外，他認為吃了早餐並不會減少午餐的攝取，因此吃了早餐就會額外攝取熱量。

至於為什麼過去大家都認為早餐很重要？他解釋過去的研究都由早餐相關的公司所贊助（例如早餐穀片、培根、雞蛋），因此實驗數據的選擇與結論的闡述都會有偏頗，或者從實驗設計與實驗數據中暗示不一定存在的因果關係。

雖然 Kealey 博士寫了《早餐是危險的一餐》這本書，但他主要針對的是體重過重、高血壓、體適能不佳、膽固醇或三酸甘油酯異常的人（這些人佔了 45 歲以上人口的 2/3），他並不認為早餐是所有人都必須略過的一餐，他建議兒童和健康的人繼續原有的早餐習慣。

兩週後，The Spectator 雜誌中又出現了一篇和早餐有關的文章，作者 Laura Thomas 不認同以有限的研究加上危言聳聽的標題來強調早餐非常危險的作法，她舉了許多研究來證實早餐的好處與必要性，例如：吃早餐可以減少第二型糖尿病的風險、減少熱量攝取、增加活動量、攝取更多膳食纖維、擁有更健康的飲食型態、減少代謝性疾病的發生。

此外，作者也提到了攝食生熱效應（dietary induced thermogenesis）。攝食生熱效應指的是攝取食物後，體內增加的熱量消耗量，攝取食物後人體需要消化吸收食物，消化過程中腺體需要分泌消化液，營養素被吸收後還需要運送、儲存、或是代謝，因此會增加能量的消耗；攝食生熱效應在早晨時最高，爾後會慢慢下降，因此略過早餐不吃對減重不一定有幫助，反而可能在代謝速率較低的時段吃下更多食物。

早餐與學習能力的關係

看了這些和早餐有關的論戰,那麼,回到最早我們所得到的資訊:吃早餐可以幫助學習,到底是否真有這回事呢?吃早餐真的會影響一個人的認知能力嗎?過去其實有不少研究針對學童與青少年進行研究,可見早餐對學生的學習能力與認知功能是否有幫助,是研究學者十分感興趣的一個議題。

我們先來看看一篇以台灣學齡兒童為主角的研究吧!

這是一篇 2015 年發表的研究,收案對象為台灣的國小學童,請學童回答每週食用早餐的頻率(0 ~ 7 天),並且利用量表來評估學童的情緒與學習障礙以及整體競爭力;情緒與學習障礙量表中的評估項目包括:學習障礙(例:做作業的技巧很差)、關係問題(例:很少或沒有朋友)、不當行為(例:對同儕很粗暴野蠻)、不快樂/憂鬱(例:缺乏自信)、身體症狀/恐懼(例:焦慮、憂慮、緊張)、以及社會適應不良(例:離家出走);整體競爭力(overall competence)涵蓋了智能、家庭支持、學術能力、課業學習動機、同儕支持、個人衛生與儀容、以及對課外活動的興趣,這代表了廣義的學習表現。情緒障礙量表的分數越高,代表情緒與學習障礙越嚴重,而整體競爭力越高則代表學習表現越佳。

研究結果發現,每天吃早餐的學童身體質量指數、收縮壓、舒張壓、腰圍最低,高密度脂蛋白(HDL)最高,代謝症候群的發生率最低;且這些學童的整體競爭力最高,學習障礙的狀況則最低。營養上的分析結果看來,每天吃早餐的學童飽和脂肪、膽固醇、維生素 A、B1、B2、鈣、磷、鎂、鉀的攝取量較高,整體的膳食品質也較佳。從這個研究中看到,

台灣國小學童吃早餐的頻率不僅與健康狀況及膳食品質有關，也影響了學習能力與表現。可惜的是這個研究並沒有針對早餐的飲食種類、早餐攝取量、早餐進食時間進行調查，且這只是一個現況調查，只能看出相關性，但無法從中探知因果關係。

\ **LOOK** /
吃早餐真的成績比較好？

首先，我先說明一下什麼是「認知功能」。認知功能涵蓋的範圍相當廣泛，包含所有牽涉到大腦功能的心智活動，例如：學習、記憶、注意力、語言、學習、思考、判斷、推理、創造、知覺等。因此，在不同研究中會利用不同的實驗設計與測驗工具來了解早餐對認知功能的影響。

不少研究認為，早餐對當天早上的認知功能是有幫助的，許多活動的進行都需要注意力、執行功能、以及記憶力，攝取早餐後明顯改善這些功能，特別是營養不良的孩童。

日本研究利用平均年齡 22.3 歲的男性為受試者，他們接受兩天的試驗，其中一天會吃早餐（兩個飯糰），另一天不吃早餐（可以喝水），早餐後兩個小時，接受認知功能測驗；完成休息階段的認知測驗後，受試者就開始進行原地腳踏車運動，維持心跳速度每分鐘 140 下 30 分鐘，在心跳速率每分鐘達 140 下後 5 分鐘與 23 分鐘，受試者會再度接受認知測驗。實驗結果發現，沒有吃早餐的受試者在執行功能測驗中的正確性

較差，運動則會改善不吃早餐組別的正確率，而早餐的進食與否則對工作記憶沒有任何影響。此研究證實了不吃早餐會影響認知執行功能，而運動可以改善不吃早餐引起的認知功能降低。

英國研究發現，青少年的認知功能在吃過早餐後有明顯提升，且這些青少年覺得自己更有活力、有飽足感、較不會疲憊與飢餓。

研究發現，早餐對記憶功能有許多影響，包括回憶、事件記憶（episode memory，結合時間、地點、人物、情境，以及當時所知覺的一切而成的記憶）、短期記憶、長期記憶。比起在家吃早餐（測驗前 2 小時）或不吃早餐，國小五、六年級的學童在接受測驗前 30 分鐘吃早餐（在學校吃早餐）對記憶回憶能力的效果最好，這研究不但顯示了早餐對回憶能力的幫助，也發現用餐時間對記憶有不同影響。其他研究則發現即使早餐後數個小時仍能提升記憶功能，且與早餐份量多寡無關。

早餐對記憶功能是否有幫助，也和孩童原本的營養狀態有關，若原本就是營養均衡的孩童，早餐的影響力不大，但營養不良的孩童在攝取早餐後，短期間內記憶功能就有更明顯的提升。

美國研究發現，營養不良的孩童在學校的出席率、準時度、以及學業成績都較差，若提供早餐，學童的營養狀況明顯改善，在學校的出席率也提升，同時數學成績也有進步。

另一個台灣研究結果指出，吃早餐的護理科系學生考試成績較好，排名較佳，且擁有較多會促進健康的習慣；以南韓國高中生進行的研究也證實吃早餐的頻率和學習成績有顯著相關。

雖然有不少研究結果發現早餐能提高認知功能，但也有其他研究有不同的結論。

美國在2012～2013年間針對公立國小進行實驗，推行「在教室吃早餐」（Breakfast in the Classroom，BIC）；結果發現，BIC的確提升了早餐參與度，同時也提升了出席率，但是學童在數學和閱讀上的表現則沒有顯著性的改善。

一英國的研究以292名11～13歲的學童為實驗對象，欲了解早餐進食頻率對認知能力測驗結果的影響，研究發現，吃早餐的頻率對英國的國家教育評估測驗（Statutory Assessment Tests，SAT）成績沒有顯著性影響。

另一個美國研究針對8～11歲的學童進行實驗，結果發現早餐對學童的注意力、衝動、短期記憶、認知處理速度、以及語言學習能力都沒有顯著影響。

早餐應該吃什麼？

由上述研究可以發現，吃早餐與否對於認知功能或是學習成績的影響力並沒有一致的答案，這可能不僅與早餐的攝取與否有關，還牽涉許多的因素，例如實驗的環境、受試者條件、受試者人數、評估時間點、實驗中使用的認知功能或學習能力之評估工具都不相同，因此無法 100% 肯定早餐或早餐的組成對認知功能的影響力。早餐的內容、進食時間、早餐前後進行的活動也都可能會影響認知功能或學習能力。

一英國學者針對國小 5 ～ 6 年級（9 ～ 11 歲）的學童進行研究，結果發現除了吃早餐本身對學習成果有幫助，早餐中的健康食材數目（例如：早餐穀片、麵包、水果、牛奶）以及一天中除了早餐以外攝取的蔬果份量也對學童的學習成果有正向的影響。

另一個研究利用不同升糖指數的早餐來進行，將平均年齡 12.4 歲的受試者隨機分成高升糖指數（glycaemic index，GI）與低 GI 早餐組，食用過早餐後 30 分鐘接受認知功能測驗，休息 30 分鐘後進行運動 30 分鐘，再經過 45 分鐘後接受運動後的認知功能測驗。實驗結果發現，不論是在休息時或是運動後的認知功能，低 GI 組的結果都顯著性較佳。

除了早餐攝取與否以及其升糖指數，另一個英國研究則想探討不同升糖負荷（glycaemic load，GL）的早餐和認知功能的關係，受試者為 5 ～ 11 歲的孩童，分成兩組，一組的早餐中使用升糖負荷較低的異麥芽酮糖（isomaltulose，GL 31.6），另一組則使用升糖負荷較高的葡萄糖（GL 59.8）。餐後 3 小時，低 GL 組的孩童記憶力與情緒都顯著的提高，若在隔天繼續使用低 GL 早餐，這些孩子處理資訊速度較快，且空間記憶較佳。

雖然這麼多的研究結果不一致，目前仍尚未肯定吃早餐可以幫助學童的學習能力與學業成績，但多數專家仍建議孩童或青少年需要攝取健康的早餐，美國 FDA 也建議必須要吃早餐。

台灣衛福部建議每天要依照飲食指南均衡攝取六大類食物；早、午、晚餐的攝取都要均衡，不偏重於某一餐，也不建議略過任何一餐，均衡多樣化的飲食，仍是目前最被認可的維持健康之最佳方式。

一份健康的早餐需要包含多樣化的食物，但不要超過每日的熱量需求。早餐最好含有高纖與高營養價值的全穀類、水果、以及乳品。若因為乳糖不耐症或其他因素導致乳製品攝取量較低，建議額外攝取高鈣的食物。早餐的乳品與肉類選擇以低脂為優先，以減少脂肪與飽和脂肪酸的攝取，特別是體重過重的孩童。

如果孩子不肯吃早餐

「早餐要吃得像國王，午餐吃得像王子，晚餐吃得像乞丐」的說法，讓我們認為早餐是每天最重要的一餐，當孩子不願意吃早餐或沒食慾時，家長可能會非常緊張地擔心孩子餓肚子、影響一天的學習活動、耽誤了生長與發展；但從許多的研究中可以了解，早餐的重要性或許沒有過去我們以為的高，家長其實可以放寬心來接受孩子面對早餐的食慾未開，在不危害健康的情形下，偶爾略過一餐讓孩子體會飢餓的感覺，也是一種學習啊。

若習慣每天攝取健康的早餐，對健康而言是有幫助的，因此仍建議家長鼓勵孩子吃早餐。透過飲食教育讓孩子了解早餐的重要性，再透過對孩子用餐習慣的了解來設計餐點，提供健康多樣化且能激起孩子食慾的早餐，最重要的是，要以鼓勵取代催促與責備，家長先放寬心、放輕鬆，讓用餐時光是愉悅放鬆的，我相信孩子會漸漸愛上早餐的。

研究發現，家長對早餐的態度對孩童與青少年有顯著的影響力，家人共同用餐的時間越多，孩童與青少年更傾向選擇健康的食物，因此早餐可以被當作是促進健康的方式之一。而早餐對認知功能的影響可不只對孩童或青少年有幫助，不少研究也發現營養均衡的早餐對成人有益，例如 2017 年中國的研究中就發現營養均衡的早餐能夠顯著改善 25 ～ 45 歲白領階級工作者的短期認知功能。吃早餐對健康成人的注意力、運動、與執行能力在不同實驗中有不同結果，但多數的研究都發現對記憶功能有幫助，特別是回憶能力。

所以，每天早一點睡、早一點起床，把早餐時間留在家中的餐桌上，和孩子們一起享用一頓早餐，不但可以共度溫馨的親子時光，對彼此的健康和認知能力都有幫助，可說是一舉多得啊。

. . . .
\ **LOOK** /

蔬菜肉排蛋吐司

技能別	難易度	料理時間	熱量
🤚💧🔪🔥♨	★★☆	15 分鐘	235 KCal/ 人份

本食譜含 **2** 人份

MEMO ···

☆ 肉類的蛋白質在加熱後會變性收縮，因此肉經過加熱後會縮小，造成口感上變得較硬。里肌肉是脂肪比例較少的豬肉部位，因此在烹調前先切斷周邊的筋膜，並透過拍打來破壞肌肉纖維，加熱後肌肉組織才不會過度收縮而變得太硬難以咀嚼。有的肉攤攤商會幫忙用肉垂拍打，若懶得自己拍也可以請他們幫忙。

☆ 肉類的冷凍可以大幅延長保存期限，溫度越低保存期限越長。但冷凍時，結凍的冰晶戳破細胞，在解凍時使汁液流失，造成肉品品質的下降。急速冷凍（冷凍庫溫度調低、肉品切小並分裝後再冷凍）可以使冰晶縮小，減少冷凍過程對肉品品質的破壞。解凍時，放在冷藏室解凍是較安全的方式，若是尺寸較小的包裝可以放在冰水中解凍，但不可將肉品放在室溫下解凍，此方式既不安全也缺乏效率。

材料

豬里肌肉排　1 片
牛番茄　1/3 顆
小黃瓜　1/6 條
雞蛋　1/2 顆、吐司　2 片

調味料

鹽、醬油、糖、五香粉
胡椒粉、蒜末

作 法

 1 　將豬里肌肉切片，以刀背或肉槌拍打後，加入醃料醃一個晚上。

2 　牛番茄洗淨切片，小黃瓜洗淨切片。

3 　雞蛋煎成荷包蛋／水煮蛋／炒蛋。

4 　步驟 1 的豬肉排以小火煎熟。

5 　吐司片烤至表面酥脆後，鋪上肉排、雞蛋、蔬菜即可。

＼ 小 叮 嚀 ／

- 醃好的肉排可鋪平在塑膠袋或保鮮盒中，冷藏或冷凍保存。
- 肉排可以整片煎來吃，或者切絲和其他蔬菜拌炒。
- 肉排和醃料的比例大約如下：里肌肉 1 斤，醬油 3 大匙，五香粉 1.5 大匙，蒜末 1 大匙，糖、鹽、胡椒粉少許。
- 薄一點的肉排不但解凍快速，煎煮的時間也很短，非常適合早餐食用。
- 吐司裡的蔬菜隨自己喜愛加入，例如萵苣。
- 吐司可以抹上奶油或是美奶滋，再加上肉排和蔬菜。
- 吐司可以隨自己的喜好換成饅頭或刈包。

. . . . .
\ **LOOK** /

番茄蛋炒飯

技能別	難易度	料理時間	熱量
🤚💧🔪🔥	★★★	15 分鐘	385 KCal

本食譜熱量以 **1** 碗飯量計算

MEMO ....

☆ 番茄含有大量水分，維生素 A、C 含量豐富，且含有茄紅素，利用油炒過後可以幫助
吸收，是抗氧化的食材。

☆ 在中醫上來看，番茄具有開胃、助消化的效果，因此在早餐來盤清爽的番茄蛋炒飯，
很適合剛起床胃口還沒開的孩子。

114

材料

雞蛋、番茄、青蔥、隔夜飯

調味料

醬油、鹽、白胡椒粉

作 法 ·······································

1 番茄洗淨切小丁，蔥切成蔥花。

2 雞蛋打散，熱鍋炒散雞蛋後備用。

3 熱鍋，加入橄欖油，炒香番茄丁後，加入水悶煮。

4 收乾番茄的水分後，加入隔夜飯和雞蛋拌炒，以醬油、鹽、白胡椒粉調味，最後撒上蔥花拌勻。

\ **小叮嚀** /

- 番茄蛋炒飯也可以加入番茄醬調味，但新鮮番茄味道更天然也更清爽。
- 除了番茄蛋炒飯，家裡的剩飯搭配冰箱的食材都可以做成炒飯。

. . . .
\ **LOOK** /

雞茸玉米糙米粥

技能別

難易度
★☆☆

料理時間
30 分鐘

熱量
475
KCal

材料

雞胸肉　100 公克

玉米粒　100 公克

糙米　100 公克（或糙米飯 200 公克）

高湯、青蔥

調味料

鹽、白胡椒粉

本食譜含 **2** 人份

MEMO . . . .

☆ 糙米比起白米，含有更高量的膳食纖維、維生素、礦物質，不但營養價值遠高於白米，
也更有飽足感。缺點是糙米中脂肪含量較高，保存較不易，且口感不如白米細緻，接
受度較差，建議少量購買並冷藏保存，增加烹煮時間、混合白米一起烹調、或是熬煮
成粥，可以改善口感不佳的問題。

☆ 雞肉為白肉，富含蛋白質，相較於豬、牛、羊等肉類，脂肪比例較低且較易去除（雞
皮），是非常良好的肉類來源。

作法 ···

 1 雞胸肉以湯匙刮成雞肉末,青蔥洗淨後切成蔥末。(青蔥不適合
孩子切)

2 糙米(或糙米飯)、雞高湯、雞胸肉末、玉米粒、蔥白全部混合
在一起熬煮成粥。

3 以鹽和白胡椒粉調味。

4 撒上蔥綠。

＼ 小 叮 嚀 ／

- 家裡的剩飯剩菜和剩下的湯頭很方便煮成粥當早餐享用。
- 可以添加自己喜愛的蔬菜熬煮。
- 如果擔心雞肉有腥味,可以加一點薑片或薑泥一起煮。
- 如果用白米煮粥,起鍋前可另外打上蛋花,營養和顏色會更豐富。
- 粥的烹煮時間較長,可以前一晚先煮好冷藏,早上起床後加熱。

＼ LOOK ／

燒肉飯捲

技能別	難易度	料理時間	熱量
	★★☆	20 分鐘	117 KCal/ 捲

本食譜含 10 捲

材料

米飯　2 碗、

海苔　10 片

雞蛋　2 顆、

小黃瓜　1 條

紅蘿蔔　1/2 條

豬五花肉片　10 片

調味料

醬油　1 大匙

MEMO

小黃瓜富含水分，並含有豐富的維生素 A、維生素 C、鉀、鈣，洗淨後生食對營養素的破壞最小，切成細絲和帶有鹹甜滋味的肉片與海苔一起食用，可以增加孩子的受度。

作法 ··

 1 米飯煮熟放涼,雞蛋煎成蛋皮後切絲,小黃瓜和紅蘿蔔洗淨切成細條狀。

2 豬五花肉片入鍋煎熟,灑上醬油將五花肉煎成醬色並帶有鹹味。

3 將米飯和各種食材鋪在海苔上,捲成飯捲。

＼ 小叮嚀 ／

- 飯捲的材料都可以前一晚準備好,部分食材在早上快速料理(例如雞蛋和肉片),很適合作為早餐。
- 孩子自己動手包,她們可以吃得更多。
- 選用沒有調味的壽司海苔,除了不鹹、不油,厚度較厚也比較適合捲起來不會破。

彩蔬歐姆蛋

技能別	難易度	料理時間	熱量	本食譜含 3 人份
🤚 💧 🔪 🔥	★★★	25 分鐘	305 KCal	

MEMO ··

☆ 雞蛋含有卵磷脂，卵磷脂為神經細胞膜的主要成分之一，因此雞蛋的攝取可以提供神經細胞的修復原料。

☆ 九層塔因為花序如塔，因此有此名稱來描述其層層疊疊的花序。九層塔具有特殊風味，通常做為配菜或香料，具有畫龍點睛的效果。九層塔是鈣質含量相當豐富的食材。

材料

番茄 1 顆、洋菇 50 公克、洋蔥 1/2 顆、蒜頭
九層塔、雞蛋 3 顆

調味料

鹽、黑胡椒

作 法 ··

 1　所有蔬菜洗淨切丁，蒜頭切末。

 2　雞蛋打散，加入鹽繼續攪拌均勻。

 3　熱鍋，以奶油炒香蔬菜與蒜末，盛起備用。

4　雞蛋入鍋，不停翻炒，半熟後，鋪上步驟 3 的蔬菜再對折盛盤。

＼ **小 叮 嚀** ／

- 不易出水的蔬菜和肉類都可以拿來做這道菜。
- 可以加入起士片或是起士絲，增加歐姆蛋的口感和風味，也可以在蛋液中加入一點鮮奶。
- 可以用一般食用油取代奶油。

\ **LOOK** /

香菇雞湯

技能別

難易度
★ ☆ ☆

料理時間
30 分鐘

熱量
710 KCal

材料
乾香菇　12 朵
帶骨雞腿肉　**600** 公克
薑、青蔥

調味料
鹽

本食譜含 **4** 人份

MEMO ···

☆ 香菇含有多種胺基酸以及維生素與礦物質，如：鈣、磷、鎂、鉀、鋅、鐵、維生素 D、葉酸。香菇多醣也被證實具有調節免疫功能的效果。香菇亦含有大量的膳食纖維，可以促進腸胃蠕動，預防便祕。

☆ 乾香菇使用前一定要先以清水清洗後再泡水。

作法 ·····································

 1 乾香菇洗淨泡水,雞肉切塊,薑洗淨切片,蔥洗淨切段。

2 香菇、雞肉、薑片、蔥白一起加入水中,利用電鍋熬成香菇雞湯,以鹽調味。

3 煮麵條,將麵條放入碗中,加入香菇雞湯,最後撒上蔥花即可。

＼ 小叮嚀 ／

- 冬天的早餐喝個熱騰騰的湯會讓一整天都感到溫暖。
- 晚餐的湯多煮一點,早上只要將湯加熱就可以吃了。若擔心飽足感不夠,可以加一點麵條。

Part 5

吃魚會
比較聰明？

「要吃魚才會更聰明喔！」很多長輩喜歡鼓勵孩子多吃魚，據說吃魚會更聰明。這種信念普遍存在大家的心中，許多人相信魚是健康的食材，而且多吃可以幫助腦部發育。真的嗎？

魚類的魚油有助於神經系統的發育，魚肉也是優良的蛋白質來源，但海洋的汙染讓我們無法大啖魚類，這提醒我們要更珍惜地球，也提醒我們同一種食物來源不宜過量，每週約 250 公克的魚即可提供良好的營養。附上幾種魚類的烹調方式，每週吃一點魚吧。

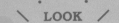

魚的營養成分

魚類大約含有 60 ～ 80% 的水分,而海中的無脊椎動物依照種類的不同,水分含量為 53 ～ 96%。

含氮化合物包括有蛋白質(12 ～ 20%)以及非蛋白質的含氮化合物(1 ～ 2%)。海鮮的肌肉中因為含有較高量的肌漿(肌白蛋白、球蛋白、酵素)和肌纖維(肌動蛋白、肌凝蛋白、原肌凝蛋白),且結締組織的比例較低(約佔 3 ～ 10%,一般哺乳動物肌肉中的結締組織佔了 17%),因此容易被消化。加上魚肉蛋白質中含有人體所需的各種必需胺基酸,同時含有游離胺基酸(組胺酸 histidine)、胜肽(甲肌肽 anserine、肌肽 carnosine)、非蛋白質含氮化合物(核甘酸、肌酸 creatine),所以魚肉是好消化的營養來源。在成長階段、特殊的生命期(例如懷孕期、哺乳期),或是特殊生理需求時期(例如:發燒、感染、手術前後、運動員、癌症…),身體對蛋白質的需求量較高,需要優質蛋白質以協助建造與修補組織,魚肉便是良好的蛋白質來源。

依照品種、年齡、性別、季節、部位的不同,魚體內的脂肪含量會有所差異,從脂肪含量低於 2.5% 的低脂魚到 6 ～ 25% 的高脂魚都有,omega-3 多元不飽和脂肪酸是魚的營養組成中最被重視的成分之一,包括 DHA 和 EPA,低脂魚約含有 0.2% 的 omega-3 多元不飽和脂肪酸,高脂魚約含有 3%。魚肉的膽固醇含量低,蝦子和頭足類的膽固醇含量較高,魚卵和魚卵產品的膽固醇含量非常豐富,例如魚子醬。

魚類和海鮮類的碳水化合物含量極少,通常低於 0.5%。

而魚類的維生素與礦物質種類與含量和魚的飲食以及季節有關,魚類是

良好的鈣、鎂、磷、氟、碘、硒、鐵、鋅、銅、鉀的來源。海鮮是少數碘和硒的天然食物來源之一，鮪魚、旗魚、竹筴魚含有豐富的硒；貝類、竹筴魚和沙丁魚富含鋅；軟體動物和甲殼類動物則是銅和鐵的主要來源之一。魚類的維生素 B1、B2、B3、B6、B12 含量豐富，脂溶性維生素 A 和 D 主要存在肝臟中。

從營養觀點來看，魚類提供了熱量、優質的蛋白質、多種的維生素與礦物質，還有，最被大家重視的就是魚油中的長鏈 omega-3 多元不飽和脂肪酸，DHA 被認為和腦部的發育有關，這也是為什麼大家會認為吃魚可以變聰明的原因。

LOOK

Omega-3 脂肪酸對腦部發育的影響

omega-3 脂肪酸可以調節血清素系統，影響血清素的生成、貯存、釋放、以及受體功能，血清素則對神經傳導系統、賀爾蒙、以及大腦型態素（morphogen）具有重要影響，因而影響了腦部功能，包括情緒、行為、人格、學習與記憶功能、決策能力等；omega-3 脂肪酸的缺乏也會減少神經細胞新生、樹突分支、突觸生成、選擇性修剪（selective pruning）、以及髓鞘化等過程，進而影響發育中的大腦之結構以及連結。

不少研究發現懷孕期間攝取適量的 DHA 對胎兒有許多的幫助，例如：視力、精神運動發展、心理狀態與成長、認知發展，此外還能穩定懷孕期間的發炎和血管恆定指標，並增強體內的抗氧化系統，並能使懷孕周期較長、嬰兒出生體重較重。例如在一個美國的研究中，給予孕婦含有

300 毫克 DHA 的穀類食品，每週平均食用 5 次，自懷孕 24 週開始服用到生產，並在嬰兒九個月大時分別利用 Infant Planning Test 以及 Fagan Test of Infant Intelligence 來了解嬰兒的解決問題的能力以及智力，結果發現在懷孕時期補充 DHA 的母親，其幼兒的問題解決能力較強，對記憶力則沒有顯著的影響；另一個測試則是針對出生一天與兩天的新生兒，透過呼吸與身體活動的紀錄來監測他們的睡眠狀態，結果顯示孕期補充 DHA 的母親，新生兒的睡眠型態較佳，這可能與新生兒的神經發育有關。另一個研究中，在母親懷孕 18 週就開始使用 DHA 補充品至產後 3 個月，在孩童在四歲時進行智力測驗，結果顯示補充 DHA 的媽媽其孩童的智力測驗成績較高。

利用學童進行的研究中也發現，提供富含 DHA 的飲食能夠增進學習與記憶、閱讀、拼音、非語言認知功能、處理速度、視覺感知能力、注意力和執行功能。但也有研究認為提供富含長鏈多元不飽和脂肪酸的配方奶，對於足月的嬰兒來說，神經發育上並沒有特別的幫助。

一個荷蘭的研究中，懷孕與哺乳期中補充 DHA（220 mg/day），在孩子 18 個月時以神經學檢查評估輕微神經功能異常（minor neurological dysfunction）情況，並以貝萊嬰兒發展量表（Bayley Scales of Infant Development，BSID）了解幼童的神經發展狀況。結果發現患有輕微神經功能異常的孩童，臍靜脈中的 DHA 含量較低；BSID 指標和 omega-3 脂肪酸呈些微的正相關；但母親在懷孕和哺乳期間服用 DHA 對孩童 18 個月大時的神經功能與發展情形沒有任何影響。另一個澳洲的研究，一樣讓媽媽在懷孕和／或哺乳時期服用 DHA 的保健食品，結果發現這對孩子的神經發展沒有任何助益但也沒有傷害。除了上述兩個實驗，也有

文獻回顧了多個研究後認為懷孕期間補充 omega-3 長鏈多元不飽和脂肪酸和魚油和早產、妊娠毒血症、子宮內生長遲滯、妊娠糖尿病、胎兒小於妊娠年齡、產後憂鬱症、或是孩童的發展狀態都沒有相關性，但產期前後死亡率顯著減低。

從上面多個論文與研究結果看來，提供孕婦、哺乳婦、或是嬰幼兒 omega-3 多元不飽和脂肪酸胎兒神經發育或是嬰幼兒的認知功能，並沒有一致的結果，但可以肯定的是 omega-3 多元不飽和脂肪酸是腦部發育過程中需要的重要元素，且研究中所使用的劑量並未見到不良反應的產生，因此多數的研究仍建議適度攝取。

＼ **LOOK** ／
Omega-3 脂肪酸與神經功能障礙疾病

有些研究發現具有先天性疾病的孩子缺乏 omega-3 多元不飽和脂肪酸，而補充適量的 omega-3 多元不飽和脂肪酸能夠改善神經功能並預防進一步的神經功能障礙。缺乏 omega-3 多元不飽和脂肪酸或是 omega-3 與 omega-6 脂肪酸的比例不均衡，會影響腦部功能，帶來行為上以及神經或精神上的異常，包括注意力不足與過動症（attention-deficit hyperactivity disorder，ADHD）、泛自閉症障礙症候群（autism spectrum disorder，ASD）、雙極性（bipolar）與單極性（unipolar）情感疾患。

以泛自閉症為例，有些研究指出 omega-3 多元不飽和脂肪酸的攝取不足或是改變其代謝都可能導致泛自閉症的發生。例如泛自閉症的孩童血液

以及血球細胞膜上的 omega-3 多元不飽和脂肪酸含量較低，嬰兒配方奶中 DHA 和 AA（arachidonic acid，花生四烯酸，屬 omega-6 不飽和脂肪酸）含量較低和泛自閉症的發生有關，補充 omega-3 多元不飽和脂肪酸後，泛自閉症孩童的父母表示孩子的健康狀況較佳，睡眠品質、注意力、認知與運動能力、社交能力都有改善，而躁動、易怒、以及過動的行為則較為減輕。

泛自閉症障礙症候群兒童在飲食中的脂質攝取品質與脂質攝取量都有特別不同，因此西班牙的學者比較了泛自閉症兒童與一般孩童的飲食內容，實驗中共有 105 位泛自閉症孩童與 495 位一般孩童，年齡為 6 ～ 9 歲，居住於西班牙瓦倫西亞（Valencia）。從 3 日的飲食紀錄中發現，泛自閉症孩童的飽和脂肪酸與 omega-3 多元不飽和脂肪酸攝取量較低，總多元不飽和脂肪酸攝取量以及不飽和脂肪酸／飽和脂肪酸、多元不飽和脂肪酸／飽和脂肪酸、omega-3 多元不飽和脂肪酸／omega-6 多元不飽和脂肪酸等比值則較一般孩童高。

. . . . .
\ **LOOK** /

吃魚與健康的關係

魚或魚油的攝取除了對神經發展具有幫助之外，攝取較多的魚類也能降低一些慢性疾病的發生，包括肥胖、心血管疾病、糖尿病、以及一些癌症。

魚本身的多元不飽和脂肪酸和蛋白質、其他含氮物質（例如牛磺酸）、

礦物質（特別是硒）、維生素 B12 和維生素 D 都被證實和冠狀動脈心臟病的預防有關；由於 omega-3 多元不飽和脂肪酸為 prostaglandin E3、thromboxane A3、prostacyclins 的前驅物，有抗發炎的活性，而 omega-6 多元不飽和脂肪酸是 prostaglandin E1 和 E2 以及 thromboxane A1 和 A2 的前驅物，具有促發炎效果，因此攝取海鮮也可以降低發炎反應，這也可以解釋海鮮的攝取為什麼能夠保護人體免於心血管疾病與糖尿病的發生，此外，攝取魚類可以降低血壓並減少血管損傷，因而能減少中風的風險。

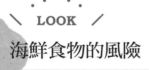

LOOK
海鮮食物的風險

雖然攝取魚類能攝取到多樣且優質的營養成分，且被證實對健康有多種幫助，但海洋環境與海洋生物的污染卻令人十分憂心。寄生蟲或微生物的汙染是海洋生物很常見的情形，可能導致腸胃不適，或是更嚴重的疾病，例如神經麻痺、神經性中毒等。過敏原也很常存在海鮮中，對於敏感的族群可能會導致嚴重的過敏反應。但最令人擔憂的還是環境中的汙染，包含重金屬和有機化學物質的汙染，例如：多環芳烴（polycyclic aromatic hydrocarbons）、多氯聯苯（polychlorinated biphenyls（PCB））、多溴二苯醚（polybrominated diphenyl ethers）、多氯二聯苯戴奧辛（polychlorinated dibenzo-p-dioxins）、多氯二聯苯呋喃（polychlorinated dibenzofurans）、以及有機氯農藥（chlorinated pesticides）。這些毒物對於生育年齡的女性、懷孕或哺乳婦女、母乳哺餵的嬰兒、以及發育中的孩童更有直接的傷害。這些污染不但會透過呼吸進入體內，也會透過

受汙染的食物與飲水進到體內，影響免疫系統、生殖系統、神經系統、以及內分泌系統。

鉛、砷、甲基汞會造成人類神經發展的疾病，並導致腦部功能損傷。研究發現，母親在懷孕時攝取甲基汞汙染的海鮮會造成嬰兒和孩童的神經功能與神經發育損傷。但目前尚未有足夠的證據證實甲基汞與冠狀動脈心臟病有關，此外，若去比較甲基汞的風險以及魚油對健康的幫助，和不攝取魚類的孕婦相比，懷孕時攝取魚類更能減少寶寶神經發育上的問題。

一個英國研究採取懷孕母親的血液檢測汞含量，並在孩子 4 到 16 ～ 17 歲之間進行 7 次的調查，以了解母親體內的汞濃度和孩子行為表現的相關性。結果發現，母親血液中的汞含量和孩子的行為並沒有顯著的相關性。

位在食物鏈較頂端的大型魚類，例如大青鯊（blue shark）、貓鯊（cat shark）、旗魚、鮪魚，魚體內累積有較多的汞汙染物。但這些魚類體內也同時擁有其他的營養。2013 年發表的論文中就強調汞和硒的比值可以作為食用該魚類的風險或利益的評估參考。根據統計，每週攝取 8 ～ 10 盎司（約 227 ～ 283 公克，大約是 2 ～ 3 個手掌大小）的魚類可以對孩童的智力發展帶來最大的幫助，需要攝取建議量的 2 ～ 14 倍之多才會因為魚肉當中的污染而帶來負面危害，其中，鮪魚、旗魚、鯊魚等魚類的汞含量較多，鯰魚、沙丁魚、鱒魚、鯖魚等汞含量較少。要特別提醒的是，不同的調查研究中有不同的結果，這除了和魚的品種以及體型大小有關，也和魚群的生活海域有關，因此我們常見到的飲食建議是

攝取較小型的魚類,這只是一個簡單的判斷方式,並非大型魚類的汙染一定較小型魚多,適量且多樣化的攝取才是更重要的飲食方式。

整體而言,魚類具有豐富且優質的營養成分,且容易消化吸收,不僅對神經發育有幫助,也能降低其他慢性疾病的風險。但由於環境遭受人為的破壞與汙染,生活在海中的魚類體內也因此累積了許多汙染毒物,在選購時建議挑選小型的魚類,且不過度攝取,才可以獲得魚類帶來的健康利益又減少污染帶來的毒害。

\ **LOOK** /
頭好壯壯的飲食關鍵

魚類以及魚油對健康與發育具有許多的幫助,但是環境污染的問題日益嚴重,即使挑選新鮮或經過認證的魚類,吃太多仍會擔心毒物在體內累積,特別是對孩子的影響更長遠。該怎麼辦呢?

其實想要孩子變得更健康更聰明,除了魚類的攝取,在飲食上還有更重要的一個重點,那就是:均衡飲食。

腦部的發育與神經系統的運作,需要多種且適量的營養素,蛋白質、脂肪、醣類,或者是維生素與礦物質,不論是何種營養素都應適量,在正常情況下都不需刻意大量的食用單一種的食物或營養素。

根據研究指出，脂肪與精緻醣類攝取過多，會影響腦部功能（例如海馬回），進而影響學童的記憶力。例如 6 ～ 7 歲孩童精緻醣類的攝取量越多，非言語智力（nonverbal intelligence）的表現越差；攝取高升糖指數的餐點不論在孩童或是成年人身上都會使損害記憶功能。較常攝取西式飲食的學生認為自己在數學學習上有困難的比例較高。飽和脂肪酸的攝取過多和認知功能障礙有關；多元不飽和脂肪酸（PUFA）的攝取量較高，或是所攝取的多元不飽和脂肪酸與飽和脂肪酸的比值（PUFA ／ SFA）較高者，記憶力較佳，這樣的影響不僅發生在孩童，也對成年人或老年人有影響，包括，認知功能障礙發生較少、阿茲海默症的發生風險較低。這些研究皆強調過多的熱量攝取會損害認知功能，特別是脂肪或醣類的品質不佳或攝取量過多時。

不均衡的醣類與脂肪之攝取，如何導致記憶力、學習能力等認知功能的損害呢？從動物實驗中可以看到，高糖高脂的飲食在短短數天內就會促進發炎反應的產生，並且造成神經細胞的減少。促發炎細胞激素的分泌增加，損害記憶力與其他認知功能。另一方面，高糖高油的飲食會造成腦源性神經營養因子（brain derived neurotrophic factor，BDNF）減少，BDNF 對於神經細胞的存活與生長具有重大的影響，同時會影響神經的可塑性、神經傳導物質的釋放、神經細胞突觸結構的形成與維持，同時影響環化單磷酸腺苷酸反應元件結合蛋白（cAMP response element binding protein，CREB）的基因表現與磷酸化，進而影響長期記憶力。

維生素 D 對發育早期的腦部結構和腦細胞的連結具有重要的影響，動物

實驗中發現胎兒時期維生素 D 的缺乏會增加腦室體積、降低新皮質寬度、減少細胞分化、減少神經營養因子，在人類也發現維生素 D 缺乏會增加胎兒腦室體積，而腦室體積的增加和許多神經或精神方面的疾病有關，包括 ASD、ADHD、思覺失調症（過去稱為精神分裂症）。在腦部發育的時期補充維生素 D 可以減少這些精神神經障礙的風險，過了腦部發育期後補充維生素 D 則可以改善腦部的功能異常。

另外要提醒，母親在懷孕與哺乳期間要留意含有咖啡因和酒精的食物，避免過量而影響胎兒或嬰幼兒的中樞神經系統

蔬菜香料烤魚

技能別	難易度	料理時間	熱量
🤚 💧 🔪 🔥 〰️	★★☆	40 分鐘	775 KCal

本食譜含 5 人份

MEMO ···

彩椒（甜椒）含有膳食纖維、葉酸、維生素 B 群、維生素 C、鈣、鐵、鋅等營養成分，具有抗氧化能力，且能預防便祕。

材料　　　　　黃甜椒　1/2 個　　**調味料**

大蒜　5 瓣　　　紅甜椒　1/2 個　　橄欖油

檸檬　1 個　　　馬鈴薯　1 個　　　新鮮迷迭香

小番茄　10 個　南瓜　1 塊　　　　鹽

洋蔥　1 個　　　魚　500 公克

作 法

 1　大蒜切末，檸檬、洋蔥、馬鈴薯、南瓜切片，小番茄對切、甜椒切塊。

2　燙熟馬鈴薯和南瓜。

 3　在烘焙紙上鋪上所有蔬菜，淋上些許橄欖油，撒上迷迭香和鹽與些
　　許檸檬汁。

4　魚身抹上一點鹽、橄欖油、蒜末，放在蔬菜上，最上方鋪上檸檬片。

5　將烘焙紙周圍捲起來，使之密封。

6　放入烤箱以 200 度烤 20 分鐘。

＼ **小 叮 嚀** ／

- 我喜歡五彩繽紛的菜餚，所以選擇紅色和黃色的甜椒、綠色的檸
  檬、紫色的洋蔥、紅色的小番茄。家裡有甚麼蔬菜都可以放，菇類
  和玉米筍也很適合拿來料理這道菜。
- 魚片或全魚都可以，例如鱸魚、鯛魚片。
- 除了魚，蛤蜊、透抽、鮮蝦也都可以放入一起烤。
- 耐高溫可入烤箱的深盤子上鋪上這些食材，就可以直接進烤箱烘
  烤，用烘焙紙包起來烤可以讓香味和水分保留在其中。

清蒸魚

技能別	難易度	料理時間	熱量
🖐💧🔪♨	★☆☆	25 分鐘	400 KCal

本食譜含 4 人份

M E M O ....

許多家庭料理魚的時候會加一點米酒去腥，除了魚料理，米酒也是許多料理中去腥與增加香氣的重要材料，但由於料理中的食材種類豐富、成分多元，一般的烹調時間通常無法讓酒精完全揮發，酒精對胎兒與嬰幼兒的腦部會造成損害，因此建議給孩子或孕婦、哺乳婦食用的餐點中避免使用含酒精的材料，包括米酒、紹興酒、白酒等。

材料　　　　　　**調味料**

薑　數片　　　　　鹽

青蔥　兩支

魚　400 公克

作　法 ‥‥‥‥‥‥‥‥‥‥‥‥‥‥‥‥‥‥‥‥‥‥‥

 1　薑切片，蔥切段。

 2　魚洗淨，表面抹上一點鹽。

 3　在有深度的盤子中，鋪上薑片和蔥段，放上魚，再鋪上剩下的薑
　　　　片和蔥段。

4　放入蒸鍋或電鍋中蒸熟。

＼ 小叮嚀 ／

- 清蒸魚味道很簡單，而且製作方便。
- 大多數的魚，只要新鮮，都適合清蒸。
- 如果是整條的魚，可以在魚肚中塞入一些薑片和蔥段。
- 魚的底部可以鋪上一些豆腐，加上一些菇類一起蒸也很好吃。
- 魚在入鍋前再抹鹽就可以。

· · · ·
\ **LOOK** /

紅燒魚

技能別

難易度
★★★

料理時間
25 分鐘

熱量
525 KCal

材料

魚　**400** 公克
蔥、薑、蒜頭

調味料

醬油、糖、鹽

本食譜含 **4** 人份

MEMO ···

台灣的糖主要來自甘蔗，包括黑糖、黃砂糖、白砂糖、冰糖，其差異為蔗糖純度的多寡。
將麥芽和糯米混合，利用麥芽中的澱粉酶和糯米中的澱粉，獲得的汁液經過熬煮後使
水分蒸散，就成了麥芽糖。這些都是天然甜味劑。

作法 ....

 1 蔥切段、薑切片、蒜頭去皮。

2 熱鍋,熱油,先薑蔥、薑、蒜放入炒出香味,再放入魚,煎至兩面金黃。

3 加入醬油、糖、鹽調味,小火慢慢將魚燒入味。

4 醬汁收乾一些後就可以起鍋。

＼ 小 叮 嚀 ／

- 吳郭魚、鯛魚、赤鯮、烏魚、鮭魚、鯧魚、白帶魚、肉仔魚、黃魚、鯖魚都適合紅燒。
- 如果不喜歡紅燒的重口味,在魚的表面抹一點鹽乾煎即可。
- 燒魚的時候,可以加一些水,避免燒焦也避免味道太重。
- 冰糖、砂糖、麥芽糖都可以作為甜味來源。

味噌魚湯

技能別	難易度 ★★☆	料理時間 30 分鐘	熱量 446 KCal

本食譜含 **4** 人份

 **MEMO** ···

味噌為黃豆發酵後的產品，為日本的傳統食品，可以用來煮湯或是醃漬肉類或蔬菜，也可以調味為沾醬。味噌雖然含有高鹽，但他具有抑制血管收縮素轉化酶（angiotensin converting enzyme，ACE）的效果，因此能夠降低血壓。

材料   **調味料**

昆布、柴魚片　　　豆腐　1/2 盒　　鹽

味噌　60 公克　　　鮮魚　200 公克

紅蘿蔔　1/2 條　　　蔥花

作 法 ••

🔥 **1**　熬煮昆布和柴魚片，濾掉昆布與柴魚片後成為高湯備用。

🔥 **2**　將魚、紅蘿蔔放入高湯中煮熟。

✋ **3**　味噌以少許高湯先在小碗裡攪拌使味噌融化。

4　熱鍋，將步驟 3 的味噌糊倒入鍋中，使之增加香味。

5　再加入步驟 2 的魚湯，熄火，攪拌均勻，若鹹度不夠可加一點鹽
　　　調味。

🥢 **6**　碗中放入豆腐丁，加入步驟 5 的味噌魚湯，最後撒上蔥花。

＼ 小叮嚀 ／

- 金針菇、鮮香菇、海帶芽、蛤蜊、蜆、牛蒡、白蘿蔔…，都是非常適
  合味噌湯的食材。
- 嫩豆腐不加入湯中烹煮，能夠保持豆腐丁的完整度。
- 步驟 4 可以增加香氣，也可直接將味噌糊倒入步驟 2 的湯中即可。
- 用清水也可以煮出好喝的味噌湯。
- 味噌已經有鹹味，最後調味時要留意。

魚鬆

技能別	難易度	料理時間	熱量
	★★☆	50 分鐘	650 KCal

本食譜含 **6** 人份

MEMO ....

魚類在死亡後就會開始被魚身表面的細菌分解,產生腥味,透過清洗、添加酸性物質（檸檬、番茄、醋）可以降低這些腥味成分的揮發性,並促使這些氣味成分和周邊的物質結合,不會飄散到我們的鼻腔中。另外有一些食材可以抑制脂肪酸的氧化,或是蓋過這些腥味,例如:蔥、薑、洋蔥、月桂葉。

材料

魚　600 公克
薑　數片
蔥　2 支

調味料

醬油、糖、鹽

作 法 ···

 1　薑切片，蔥切段。

 2　蔥、薑、魚一起蒸熟／煎熟，放涼後取下魚肉備用。

 3　無刺的魚肉壓碎或剁碎後，放入鍋中，以小火拌炒，將魚肉炒鬆。

4　加入少許醬油、糖、鹽調味。

＼ 小 叮 嚀 ／

- 沒有細刺的魚都可以拿來做魚鬆，例如旗魚、鮭魚、鯛魚片。
- 孩子很容易一口接一口，所以鹹度可以比市售的魚鬆低一些，放心讓孩子大口吃。

Part 6

零食與過動

「Sugar high」好像是媽媽界的妖怪，許多家長認為吃糖會引起孩子行為上的過動和情緒上的失控，但目前無法證實「糖」本身會導致過動。儘管如此，「糖」的過度攝取會引發其他健康問題，含糖食物中的其他成分也可能與過動行為有關，因此仍建議減少含糖食物的攝取。只是，大多數的孩子都愛甜食，因此在健康飲食的生活中，適度開放相對健康的甜食，也是沒問題的。參考本章節的幾個食譜，和孩子一起動手製作甜點，為生活添加一點甜蜜吧。

可怕的糖

糖類是食物中常見的成分，更是人類的熱量來源之一，近年來有不少資訊提及「糖」的攝取和過動症有關，有些家長深信自己的孩子食用甜點零食後會出現過度的興奮感（sugar high），因而嚴格限制孩童的甜食攝取；但也有些人認為糖同時存在天然的食物當中（例如水果），糖份的攝取應該不會引發過動才是。

前幾年，一位媽媽在自己的 blog 以及親子天下嚴選網站中分享自己家中的經驗，文章標題分別為「今天，我把甜食全丟了！」、「戒糖報告：有糖沒糖差很大！」、「戒糖報告 2：過年「特別番」」，當時不少朋友在 FB 大肆轉載，分享這幾篇文章。

過去我就聽過 sugar high 這回事，身邊許多有幼兒的媽媽朋友很堅持不給孩子任何甜食和巧克力，因為擔心孩子過動。我明白甜食並不健康，但吃糖就會引起過動這樣的論點，我一直覺得只是一種心理作用、教育方式的結果，又或者是少數的個案才會有這樣的因果關係。但因為太多朋友轉貼這位部落客的文章，我就認真看了一下。

文中的父女二人只要碰了甜食就會情緒非常不穩定，變得很不理性，且會上癮似地無法控制自己想要繼續吃甜食的慾望，戒除含糖食物時會出現戒斷症狀，情緒的波動不但使得當事人難受，身邊的人也很辛苦。

我看完這幾篇文章，心一驚！糖真的這麼可怕？

什麼是過動症？

ADHD（Attention Deficit and / Hyperactivity Disorder）為「專注力不足過動症」之縮寫，在台灣通常被簡稱為「過動症」，患者通常在七歲以前就會出現症狀，不少在學齡前就會出現，學齡兒童的 ADHD 盛行率為 3 ～ 10%，約有一半的 ADHD 兒童症狀會持續到成年。

雖然我們簡稱 ADHD 為過動症，但其實 ADHD 包含兩大類的症狀，分別是注意力不足以及過動／衝動，大部分的患者同時具有兩類症狀，也有不少患者以一類症狀為主。ADHD 的診斷需要家長的協助觀察以及醫生的評估，須排除其他原因且症狀持續長達六個月以上才可能為 ADHD。診斷症狀包括（1）注意力缺損：粗心大意、無法持續做一件事、心不在焉、無法完成指示、要人提醒才能完成工作、逃避或排斥需要專心的工作、常掉東西、容易分心、忘記每天該做的事，（2）過動：坐不住、動來動去／離開座位、不當奔跑或爬上爬下（或出現煩躁不安的表現）、無法安靜、隨時想動、不適切地插話，（3）衝動：急性子、插嘴、無法等待、中斷或介入別人的活動，在不同年齡與階段，症狀特徵會有不同。這些症狀會在兩個以上的場合出現（例如學校與家中），且對社交、學業、職業造成困難。

發生 ADHD 的原因目前認為除了原發性／遺傳性的因素外，腦部的病變、神經系統的感染、代謝異常、或是藥物的作用都可能引起注意力不足與過動／衝動的症狀。

ADHD 的患者除了在學習或工作上出現障礙，也會有社交上的困難，建議接受適當治療，利用藥物、行為治療、教育介入治療、社會治療等方

式改善學童的行為，以避免對日常生活與學業或事業造成長遠的影響。若沒有經過適當的治療，隨著年齡增長還可能出現焦慮症、憂鬱症、體化症、藥物濫用、飲酒、甚至是自殺等問題。

\ LOOK /

吃糖真的會造成過動？

1970 年代，已經有學者開始針對蔗糖進行研究，例如在 1973 ～ 1976 年間進行的研究就發現，過動孩童攝取蔗糖後血液生化值與正常孩童有差異，包括：27% 的過動孩童血比容較低、86% 的過動孩童嗜酸性白血球（eosinophil）過高，葡萄糖耐受試驗中大多數的過動孩童都出現異常結果，50% 的血糖曲線較平緩，15% 的血糖曲線則是竄升過高又急遽下降，11% 的孩童血糖過高但下降過緩，這一群的孩童中有超過半數在尿液中出現了膽固醇和葡萄糖，另外有 11% 的孩童血糖上升平緩但最終的血糖值過高。

1980 年，美國一個研究中收了 28 位過動孩童（4 ～ 7 歲）以及 26 位正常孩童，由家長協助孩童進行 7 天的飲食紀錄，並讓孩童待在一個玩具間中，利用錄影的方式觀察孩子在房間中的活動情形，並分析飲食與孩子的行為相關性。結果發現，含糖食物的攝取和過動孩童的行為間有顯著的相關性，每天攝取的含糖食物總量、每天攝取的含糖食物與精緻醣類總量、含糖食物與營養食物的攝取比值、以及精緻醣類與營養食物的比值，和孩童的破壞攻擊行為以及不安行為間具有顯著的正相關；非過動孩童的破壞攻擊行為與不安行為和飲食之間沒有相關性，但孩童在玩

具間的四個象限之間轉換的次數則和含糖食物的攝取量有顯著相關，可見非過動孩童的行為也可能會受飲食影響。但從這個研究中僅能了解飲食和行為之間有相關性，且過動與非過動孩童之糖類攝取與相關行為不同，可能和孩童的糖類代謝有關，或是有其他變因影響含糖食物的攝取與行為的關係。

一個南韓的研究收納了 107 位學童，其中有 8 位男童與 1 位女童經評估後被列為 ADHD 高風險群。調查結果發現，正常組的維生素 C 攝取為 DRI 的 143.9%，但風險組的維生素攝取僅有 DRI 的 65.5%，飲食中攝取到的簡單醣類，正常組為 58.4 公克、風險組為 50.2 公克，佔了每天醣類攝取的 12.5%，超過 WHO 的建議（10% 以下）。整體而言，ADHD 高風險學童從水果中攝取的糖類和維生素 C 都較少，總飲食中的糖類攝取在兩組間沒有差異，此研究未能證實糖份的攝取和 ADHD 的形成有相關性。

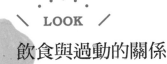

\ **LOOK** /

飲食與過動的關係

ADHD 患者常有較不健康的飲食習慣，因此容易引起營養不良或健康問題，例如體重過重。南韓的研究就發現 ADHD 的孩童或青少年中，體重過重者攝取的鐵質較少，蔬菜的攝取量也較體重正常者少。另一個西班牙的研究也發現 ADHD 患者攝取的水果、蔬菜、義大利麵、和米飯的頻率較低，較常略過早餐不吃，並且較常吃速食，糖、糖果、可

樂、飲料的攝取也顯著較多，魚類的攝取則較少；這些研究都可以看到
ADHD 患者的營養素或是整體飲食都和一般人不太一樣，但這些研究都
只能看出相關性，無法得知因果關係。

一個英國的研究計畫蒐集了大約 4000 位兒童資料，了解 4.5 歲兒童
的飲食，以及這批孩童 7 歲時的行為問題。飲食調查中分析 4.5 歲兒
童食用「垃圾食物」的頻率，包含 57 種食物和飲料。行為方面則利
用問卷評估過動（hyperactivity）、操行和同儕問題（conduct & peer
problems）、情緒症狀（emotional symptoms）、以及利社會行為（prosocial
behavior）。研究結果發現，4.5 歲時食用較多垃圾食物的兒童，在 7 歲
時有較多的過動問題出現，但這可能與長期的營養不均衡或教養方式差
異有關，此研究尚無法支持食用垃圾食物會引起行為問題。

另一個南韓的研究自南韓五個城市收納 986 位學童作為研究個案，評估
學童的學習狀況、ADHD、以及飲食行為，飲食行為的問卷內容包括乳
品、高蛋白飲食、蔬菜、油炸食物、高脂肪肉類、食鹽、以及甜食點心
的攝取狀況，以及是否每天食用三餐、餐點是否均衡。結果顯示，甜食
點心、油炸食物、以及鹽的攝取較高者，有較多的學習、注意力、以及
行為問題；均衡飲食、三餐規律、以及攝取較多乳製品與蔬菜的學童，
則較少學習、注意力、以及行為問題。但 ADHD 學童的生活作息本來
就會比較不規律，因此導致三餐不規律；飲食種類不均衡也跟和孩子的
行為或父母的教養方式有關；在這個研究中，雖然也利用問卷了解家庭
環境和家長的教育程度，但學習障礙、ADHD、或是其他精神問題的家
族史並未收集，因此無法了解遺傳上的影響。

懷孕的飲食也會導致過動？

懷孕是孕育與影響後代的關鍵時刻，懷孕期間接觸菸、酒、咖啡因都被發現和後代的 ADHD 有關，因此在 2015 年的一個研究中，研究者想了解懷孕期間高糖份的攝取是否會影響後代小鼠的 ADHD 行為，包括過動、注意力不足、以及衝動。懷孕母鼠被隨機分為控制組、Suc6 或 Suc9 組，在懷孕期第 6 天到第 15 天時，分別提供水、30% wt/vol 蔗糖溶液每天 6 g/kg 或 9 g/kg。斷奶後，後代小鼠接受一系列的行為測試。實驗結果發現，後代小鼠的發展狀況在各組間沒有顯著差異，但蔗糖組的小鼠活動行為增加，且注意力減少、衝動增加；紋狀體（striatum）的多巴胺轉運蛋白（dopamine transporter，DAT）mRNA 表現量在 Suc9 組增加，而多巴胺受體 Drd1、Drd2、以及 Drd4 則隨著蔗糖劑量而減少；突觸體 DAT 蛋白表現在 Suc9 組增加的大約兩倍。過去研究發現多巴胺調控異常和過動症之間具有相關性。孕期果糖的攝取也同樣會導致後代小鼠的過動行為。從這些研究結果，推測懷孕期攝取蔗糖或果糖可能會增加 ADHD 的風險，但仍需要更進一步的流行病學研究或臨床實驗。

墨西哥的研究中，在懷孕 18 ～ 22 週開始補充 400 毫克 DHA 或安慰劑直到生產，結果發現母親在孕期補充 DHA 的孩子在 5 歲時的注意力較佳，顯示在孕程中的 DHA 對學齡前孩童的專注力有幫助。

ADHD 的成因尚未清楚，有不少研究推測 ADHD 的產生和多巴胺系統有關，可能是腦部和獎勵相關的區域中多巴胺 D2 受體（dopamine D2 receptors）減少，因而干擾了多巴胺訊號的傳遞。基因被認為是導致 ADHD 的主要因素，但其他病因也被認為是病因相關因子。飲食、藥物、肥胖相關的獎勵系統缺失徵候群（reward deficiency syndrome）也可以

看到多巴胺傳導系統的異常。一篇回顧論文回顧了 ADHD 和糖分攝取相關的研究，結果發現長期過度攝取糖分會改變中腦邊緣（mesolimbic）中的多巴胺系統，因而導致 ADHD 相關的症狀出現。

·····
\ LOOK /

除了糖，還有什麼恐怖成分？

在大家開始重視糖對孩童過動的影響之前，已經有不少研究學者懷疑食物中的人工添加物或是食物本身含有的水楊酸鹽類（salicylates）是引起孩童過動行為的原因。在 1970 年代，Feingold 醫師因而提出了一種排除人工色素、人工香料、人工甜味劑、人工防腐劑等人工添加物的飲食方式，被稱為 Feingold Diet。1976 年的研究中，給學童 Feingold Diet（實驗組）或一般飲食（控制組），並由家長與老師對學童的行為進行評分；結果發現實驗組的孩童在接受 Feingold Diet 後過動的症狀減輕了，老師也發現實驗組的症狀比控制組顯著減緩。

2013 年香港的研究利用 8 ～ 9 歲的學童進行為研究，每個學童都需要接受 A、B、C 三種實驗各一週，每個實驗前都要輕過一週沖洗期（washout period，先停止食用含人工色素與防腐劑的食物）；在整個實驗期六週中，飲食需要進行控制以排除可能含有人工色素與防腐劑的飲食，並由老師與父母利用問卷評估學童實驗前後的行為與 ADHD 症狀。A 膠囊含有人工色素 62.4 毫克，含有日落黃（食用黃色色素五號）15.6 毫克、檸檬黃（食用黃色色素四號）15.6 毫克、以及食用紅色色素六號

15.6 毫克；B 膠囊含有防腐劑（苯甲酸鈉）45 公克；C 膠囊則為安慰劑，內含乳糖 45 公克。實驗結果發現，實驗前的沖洗期可以減少學童的問題行為，實驗期內重新給予人工色素或防腐劑一週並沒有讓問題行為恢復到實驗前的狀態，也就是一個禮拜的人工色素或防腐劑並沒有讓學童出現明顯的問題行為或 ADHD 症狀。實驗結束後 3 個月，研究者利用電話追蹤訪談，受訪的家長有 62.4% 表示他們仍遵循實驗時的無添加物飲食，雖然有 52.5% 的家長認為添加物對孩童的行為沒有任何影響、有 7.7% 的家長認為添加物不是主要影響因素，但有 43.4% 的家長相信添加物對他們的孩子具有影響力，包括行為、脾氣、心情、注意力、以及過動。

常見的食品添加劑苯甲酸鈉也被認為和 ADHD 有關，苯甲酸鈉是非酒精飲料與果汁中常見的食品添加物，英國研究中以 3 歲學齡前孩童為受試者，實驗期間不食用含食品添加物的食物，再提供含有人工色素（20 毫克，食用黃色色素四號、食用黃色色素五號、食用紅色色素六號、carmoisine 各 5 毫克）與苯甲酸鈉（45 毫克）或不含食品添加物的果汁；由父母進行的評估中，飲食控制時期孩童的過動行為顯著減輕，而不論這些孩童原本是否有過動行為，飲品都會增加孩童的過動行為，且含有食品添加物的果汁對過動行為的影響較大；但在診所中的評估則沒有顯著的改變，這可能是父母對孩童的行為較為了解與觀察時間較長，因此在雙盲實驗中，父母的評估結果會較為準確。另一個研究中以 3 歲和 8 ～ 9 歲的孩童進行實驗，實驗也觀察到苯甲酸鈉和人工色素對這兩個年齡層孩子的行為具有負面的影響。針對大學生的研究同樣發現高苯甲酸鈉飲料攝取量和 ADHD 的相關症狀有顯著的相關，ADHD 分數較高的族群，高苯甲酸鈉飲料的飲用量約是一般族群的兩倍。

Few-food diet（FFD）是一種嚴格的飲食控制方式，只提供確定為「安全」的食物種類。一個整合分析研究論文發現，相較於魚油的補充或是無添加物的飲食，FFD 對 ADHD 的影響力更大，因此對於藥物反應不佳或是年齡太小不適合給藥的孩童，FFD 可以作為一個治療的可能，但仍需要更多研究以了解 FFD 的作用以及在 ADHD 治療上的應用。

反式脂肪酸是不飽和脂肪酸經過氫化後的產物，對心血管疾病具有負面的影響，因此近年來開始被重視，且需要被標註在食品的營養標示中。反式脂肪酸的攝取對腦部功能也有負面影響，南韓研究就發現患有 ADHD 的學生反式脂肪的攝取量較多；在動物實驗中，反式脂肪的攝取會干擾脂肪酸的去飽和作用，進而影響腦部的多元不飽和脂肪酸之比例，因此影響腦部功能。動物實驗中，餵給老鼠反式脂肪會增加其活動量，且會增加氧化壓力。

omega-3 多元不飽和脂肪酸被發現和許多生理功能有關，包括發炎反應的調節、細胞膜的流動性、細胞內的訊息傳遞、以及基因的表現，藉由這些生理功能的調節，omega-3 多元不飽和脂肪酸影響了發炎與免疫、細胞生長以及組織修復。在中樞神經系統中，omega-3 多元不飽和脂肪酸也影響了發炎反應的調節以及神經元細胞模與受體的功能，同時與許多疾病的發生有關，例如認知功能障礙、憂鬱、焦慮、情緒控制障礙、ADHD、神經退化等。研究發現，ADHD 的孩童血液中的 omega-3 脂肪酸濃度較低。在飲食中提供 omega-3 脂肪酸能改善 ADHD 症狀，例如：提供注意力缺損的學童每天 250 mg 的 EPA + DHA esterified to PL-omega-3（300 mg/d phosphatidylserine）（皆為 omega-3 脂肪酸），可以改變血清中與紅血球中的脂肪酸，且能改善視覺持續性注意力。

除了飲食，父母或許應該這麼做

人體是一個精巧且複雜的設計，還有很多目前的科學未能了解的部分，從上述就可以發現，我們仍無法對「吃糖會造成過動」這樣的論點提出任何證據，但也無法否認糖和孩童的行為之間可能存有相關性，雞生蛋還是蛋生雞？直接或間接影響？目前都還沒有答案。

除了飲食之外，我們或許還可以來思考：到底是糖／甜食／垃圾食物本身和 ADHD 的症狀有關，還是吃糖／甜食／垃圾食物的這個「行為」和 ADHD 的症狀有關？

舉一個常見到的例子來說，當父母沒有時間或沒有心思陪伴孩子時，給個簡單易取得又深受孩子喜愛的垃圾食物，或者要求孩子自己玩、安靜、乖一點就可以換得一分零食，孩子於是安靜了、不吵著父母的陪伴了，這樣的「回報」讓父母習慣用這種方式來搪塞孩子（或是「獎勵」孩子）。當有一天，孩子的情緒或行為出現了問題，這對父母可能會想：啊！應該是因為孩子吃了太多零食，裡頭的糖／添加物／或其他成分造成孩子出現這些問題。但，有沒有可能，是因為父母對孩子的忽視，輕忽了孩子的心理需求或是生理需求（健康的飲食），而導致這樣的結果呢？

哪些食物應該避免？

我身邊的確有孩子吃了糖就會情緒亢奮、無法專注、無法安靜，由上述幾個研究可以看出，糖份或垃圾食物的攝取和 ADHD 相關的行為有相關性，但是受限於收案人數不夠、對學童的行為與 ADHD 症狀之評估可能不夠客觀、樣本數無法代表母群體（例如：未能涵蓋不同社經地位、種族、教育程度的家庭）、研究中使用的劑量未必適合該地區該年齡層的受試者、實驗期間對飲食的控制不夠嚴謹，因此即使用不少研究證實飲食與 ADHD 的相關性，仍需要更多且更嚴謹的研究以了解因果關係，也才能真正應用於臨床。

食品添加物是食品加工過程中為了品質而添加的，若缺乏食品添加物，食品的質地、顏色、香味、安全都可能大打折扣，然而我們從這些研究也可以發現人工添加物或糖的攝取與 ADHD 症狀有關，雖然未能確定其因果關係，但若能避免攝取，身體的負擔也會減少。

苯甲酸或苯甲酸鈉是合法的食品添加物，屬於防腐劑，可用於孩童常會接觸的加工食品中，例如：花生醬、糖漬果實、脫水水果、果醬、果汁、奶油、人造奶油、番茄醬、濃糖果醬、調味糖漿、碳酸飲料、不含碳酸飲料，豆皮豆干、魚肉煉製品、肉製品、乾酪、甚至是膠囊錠狀食品中都可以合法添加。而人工色素是飲料、食品、以及甜食中常見的添加物，台灣有 39 種著色劑可供合法使用。「食品添加物使用範圍及限量暨規格標準」載明了每種添加物可使用的範圍以及使用量，在合法使用範圍內對人體不至於造成傷害。若希望避免攝取人工色素與防腐劑，在購買包裝食品時可留意食品成分，除了各種食物、糖果、飲料，牙膏、漱口水、以及藥物中也可能含有人工色素，例如孩童的維生素、退燒止痛藥、

咳嗽藥。人工色素的添加不僅僅在色彩繽粉的產品中，白色的棉花糖、白色糖霜、醬菜、烘焙食品中都可能含有人工色素。

新鮮的蔬果、全麥麵包、糙米飯、全穀食物、低糖早餐穀片、低脂或脫脂鮮奶與乳製品、蛋、堅果種子、豆類、瘦肉、雞肉、魚類對孩子而言是更健康的飲食選擇。提供給孩子的點心應避免甜食、糖果、含有人工色素的早餐穀片、果汁飲料、含糖飲料，這些點心都含有糖類以及人工色素與其他食品添加物，可選用營養密度較高的食物來做為點心來源，例如新鮮蔬果、未調味的堅果種子類、原味優格、全穀餅乾、低脂乳酪、低糖早餐穀片、低脂或脫脂鮮乳。含有人工色素的飲料、食品、或是甜食通常含有大量的糖且屬於低營養密度的食物。

除了天然食物本身含有的糖份（例如：水果、地瓜、南瓜、鮮奶），世界衛生組織建議額外添加的糖（游離糖）攝取量應低於每日攝取總熱量的 10%，並建議游離糖攝取上限可再降低至總攝取熱量 5%，2017 年 5 月，台灣衛生福利部國民健康署公告的「國人營養基準修訂草案」中，規定游離糖的攝取上限為總熱量 10%；以 4 ～ 6 歲孩童為例，每日熱量攝取建議為 1400 ～ 1800 大卡，若以 1500 大卡計算，每天的糖類攝取上限為 150 大卡，相當於 37.5 公克，一杯 700 毫升的全糖珍珠奶茶含有約 62 公克的糖，一杯就超過一天的糖類攝取上限。

這種零食，孩子可以吃

對孩子來說，「不健康」的食物因為繽紛的顏色、濃郁的香氣、勝過天然食品的甜度，加上通常在氣氛愉悅的情況下享用，因此特別具有吸引力。當身邊的所有人都在享用甜食，自己卻被父母禁止，孩子的心情一定很難過啊。

因此我的建議是，在平日的飲食可以上述的天然食物作為正餐與點心的來源，並且透過營養教育讓孩子了解各類食物的營養價值，例如：新鮮自然天然原味的綠燈食物可以多吃、營養但油與糖含量稍高的黃燈食物需要限量食用、高油高糖高熱量或精緻加工的紅燈食物則要避免攝取，甜點零食可以在特殊節慶或場合享用，例如生日餐會，但同樣是甜點零食，家長可選用相對簡單或健康的點心，例如挑選不含人工色素的蛋糕或冰淇淋、不添加人工色素的糖霜、選用天然食材染色的點心（例如藍莓、櫻桃、甜菜）、使用低糖低油的點心配方，滿足一下孩子的心靈。

健康又美味的點心和比起市面上隨處可以購買的產品相比，更難購得且售價更高，甚至得要自己動手做，很麻煩對吧？但孩子吃得開心又健康，任誰看了都跟著開心了起來。所以，何不利用這個機會和孩子一起動手製作自己的派對甜點呢？

超驚奇脆餅

技能別	難易度	料理時間	熱量
✋)))	★☆☆	20 分鐘	30 KCal/片

材料

水餃皮
食用油
砂糖

MEMO

過去的農業社會，使用動物油脂的比例較高，但逐漸地大家認為植物油對健康較有益處。其實每一種油品都是多種脂肪酸所組成的，即使是同一種油脂，因為品種或產地的不同，以及加工方式的不同，其中的脂肪酸組成也會有所不同。飽和脂肪酸的穩定性較高，不飽和脂肪酸較不會造成心血管的負擔，不論是哪一種油脂都有其營養性，應該要視用途來挑選適合的油脂。發煙點較高的油適合炒、炸，發煙點較低的油就只適合涼拌或水煮。

 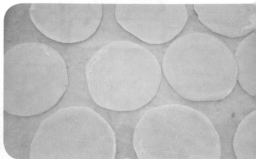

作法 ···

 1　在水餃皮上塗上食用油。

2　均勻撒上砂糖。

3　放入預熱 **180** 度的烤箱烤大約 **10** 分鐘。

＼ 小叮嚀 ／

- 買了水餃皮回來包水餃，常會不小心買太多，多的水餃皮可以切一切
  煮成短麵條吃，可以拿來包個南瓜泥地瓜泥煎一煎（第一單元），或
  者做成簡易版的蔥油餅（第八單元），還可以做這個甜口味的餅乾。
- 成品不但小孩喜歡，大人也很喜歡喔。
- 如果不想吃甜口味的，也可以灑胡椒鹽去烤。
- 烘烤的溫度和時間依照烤箱而定，烤得金黃看起來比較好吃。
- 可以搭配水果一起吃，配色豐富且增加口感和風味。

蛋白霜檸檬塔

技能別	難易度	料理時間	熱量
	★★★	60分鐘	123 KCal/個

本食譜含 14 個

M E M O ....

檸檬味酸,芳香濃郁,富含維生素 C、檸檬酸、蘋果酸等成分,能開胃健脾、生津止渴,
夏日可使用檸檬來幫助改善不適。檸檬外皮中含有檸檬精油,具有清新香味,可以促
進食慾。

材料

冷凍塔皮（8 公分直徑）　14 個、雞蛋　4 顆

檸檬汁　80 公克、糖　200 公克、玉米粉　50 公克

鹽　少許、水　360 公克、奶油　20 公克、糖粉　50 公克

作 法 ···

檸檬餡

 1　水、檸檬汁、糖、玉米粉、鹽混合均勻，加熱攪拌至黏稠狀。

2　加入奶油與蛋黃 4 顆，攪拌後離火。

蛋白霜

蛋白 4 顆以攪拌器打發，開始出現泡沫後再分批加入糖粉繼續
打至硬性發泡。

蛋白霜檸檬塔

1　在冷凍塔皮中放入檸檬餡，大約 6 ～ 7 分滿。

2　將蛋白霜放到塑膠袋或烘焙紙中，像是擠奶油般，把蛋白霜擠在
檸檬餡上。

3　180 度，烤 20 ～ 25 分鐘，直到蛋白霜微微上色。

＼ 小叮嚀 ／

- 烘焙材料行可以買到現成的冷凍塔皮，不用解凍就可以使用。
- 蛋白霜烤完就像棉花糖一樣。
- 塔皮可以先烤過，填餡後再烤　下蛋白霜就可以了。
- 多的蛋白霜可以擠在烤盤紙上，以低溫長時間去烤，變成入口即化的
  蛋白霜餅乾。

蜂蜜燕麥葡萄乾餅乾

技能別

難易度
★★☆

料理時間
30 分鐘

熱量
105
KCal

材料

奶油　110 公克、糖　45 公克、鹽　少許
蛋　1 顆、低筋麵粉　140 公克、燕麥片　120 公克
葡萄乾　50 公克、蜂蜜　35 公克

本食譜約 20 片

MEMO ··

燕麥由於較其他穀類軟，而且胚乳、胚芽、麩皮不易分開，因此都採全穀加工。全穀
具有豐富的膳食纖維，具有降低膽固醇、減緩血糖上升的功能，同時能促進腸胃蠕動、
預防便祕的發生。

作 法 ••

1　奶油軟化後打白，加入鹽、糖、蛋打勻。

2　改用刮面刀操作，依序加入麵粉、燕麥、葡萄乾、蜂蜜混合均勻。

3　將餅乾麵團揉圓，壓扁在烘焙紙上，每一個的厚度要儘量平均。

4　200 度烤 12 ～ 15 分鐘。

＼小叮嚀／

- 這個配方吃起來不甜，所以不建議再減糖了。
- 可讓孩子自由發揮創意製作成特殊形狀，烤的時候再留意一下，較小
  較薄的需要先出爐。

香蕉地瓜 QQ 圓

技能別	難易度	料理時間	熱量
✋ 🔥 ♨	★ ☆ ☆	30 分鐘	410 KCal

材料

香蕉	1/2 根
地瓜	1/2 條
地瓜粉	
太白粉	

本食譜約含 **150** 公克

MEMO

☆ 香蕉口感香甜綿密深受孩子喜愛,且富有膳食纖維,具有通便的效果,不愛吃蔬果又不愛喝水的孩子若深受便祕之苦,可以試試香蕉。

☆ 地瓜性甘味平,具有健脾益氣、潤腸的功效。地瓜富含膳食纖維,若大量食用會造成脹氣,因此腸胃較敏感或容易脹氣者要適量食用。

作法 ···

🔥 **1** 地瓜蒸熟。

✋ **2** 把所有材料揉在一起。

🔥 **3** 捏成小圓球煮到浮起來。

＼ 小叮嚀 ／

- 當家裡有不受歡迎的過熟香蕉，就可以拿來做這道小點心喔。
- 粉類的比例依照香蕉與地瓜的份量要自行調整，地瓜粉和太白粉大約 **1：1**。
- 做好的丸子可以加一點糖拌一拌直接吃，或是加入綠豆湯、紅豆湯、薏仁湯中成為點心。
- 這個 QQ 圓的香蕉味道很濃郁，吃不太出地瓜味道。如果不想吃香蕉味或是家裡沒有香蕉，地瓜、南瓜、芋頭等材料蒸熟後都可以拿來做地瓜圓／南瓜圓／芋頭圓。

檸檬餅乾

技能別	難易度	料理時間	熱量
✋ ✎ 〰	★ ☆ ☆	40 分鐘	100 KCal/片

本食譜約 **16** 片

MEMO ....

反式脂肪的建議攝取量應低於每天攝取總熱量的 **1%**，亦即一天攝取 2000 大卡的成人，只能攝取 20 大卡的反式脂肪，相當於 2.2 公克，孩童的攝取上限就更低了。但若血脂調節功能健康者，偶爾吃一些是沒問題的，不需要過度緊張。

材料

奶油　50g、糖粉　50g、鹽　1 小搓

檸檬　1 顆、低筋麵粉　100g

作 法 ∙∙

1　取下檸檬皮屑，並榨出檸檬汁；奶油放置室溫使之軟化。

2　軟化奶油和糖粉、鹽混合均勻。

3　加入檸檬汁 1 大匙拌勻。

4　拌入低筋麵粉與檸檬皮屑。

5　放在烤盤紙上，整成長條狀，用烤盤紙捲起來冷藏或冷凍。

6　切片。

7　烤箱預熱 180 度，烤 20 分鐘。

＼ **小叮嚀** ／

- 這個麵糰是會稍微擴張的，所以入烤箱前至少要隔 2 公分。
- 取檸檬皮時不要切到白色的部分，不然會有苦味。
- 餅乾剛烤好時是軟的，放涼後就會變硬了。
- 如果餅乾受潮，可以低溫（約 100 度）烤 3 ～ 5 分鐘。

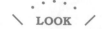

\ LOOK /

芋泥南瓜包

難易度
★★☆

料理時間
50 分鐘

熱量
73
KCal/ 個

材料

芋泥 芋頭、糖、鮮奶
南瓜包 南瓜、糯米粉、可可粉
裝飾 薄荷葉

每個約 **30** 公克

M E M O ....

芋頭為植物塊莖，含有高量的澱粉，可做為主食。中醫學認為，芋頭味甘性平，具有
益胃、消食、通便的效果。

作 法 ··

芋泥

1 芋頭去皮切塊。

2 蒸熟芋頭（用筷子可以輕鬆穿透），壓成泥狀。

3 加入糖和鮮奶，調成自己喜歡的甜度和濕度。

南瓜泥

1 南瓜洗淨切半。

2 蒸熟。

南瓜包

1 混合南瓜泥和糯米粉，重量約 1：1。

2 將南瓜與糯米粉揉捏混合成不黏手的糰塊。

3 取出一小塊南瓜糯米糰，加入可可粉混合成咖啡色麵糰。

4 取一小塊南瓜糯米糰，搓圓、壓扁、放入芋泥，包起來。

5 利用切麵板在南瓜芋泥包上畫出南瓜紋路。

6 利用可可麵糰製作南瓜的五官。

7 蒸 10 分鐘左右，蒸好的南瓜包顏色會更深、更鮮豔、更逼真呢！

8 摘片可以吃的葉子吧！（九層塔、薄荷）

9 把葉子放在蒸熟的南瓜頭上，可愛的南瓜芋泥包就完成了。

╲ 小 叮 嚀 ╱

- 這是萬聖節的應景點心，除了南瓜造型，也可以讓孩子自己發揮創意。
- 不喜歡芋泥的人也可以包其他餡料（例如紅豆沙）或甚麼都不包。
- 台灣的阿成南瓜和栗子南瓜都蠻好吃的。

. . . .
＼ LOOK ／

酥皮蘋果派

技能別	難易度	料理時間	熱量
🤚 💧 🔪 🔥 ♨	★★☆	50 分鐘	185 KCal/ 個

本食譜含 **15** 個

材料

蘋果　**5** 顆
（約 500 公克果肉）

砂糖　**50** 公克

檸檬　**1** 顆

奶油　**20** 公克

玉米粉　**1** 小匙

冷凍酥皮　**15** 片

雞蛋　**1** 顆

M E M O ·····················

☆ 蘋果含有豐富果膠，屬於膳食纖維的一種，適合做為果醬的材料。

☆ 酥皮烘烤後會有一層一層的組織並具有酥鬆口感，這是來自酥皮製作時的油皮與麵皮重複摺疊擀壓而成。需要提醒的是，酥皮含油量高，不宜多食；此外，市售酥皮的油脂可能來自奶油或是酥油（人造奶油），請避免選擇人造奶油，以免攝取反式脂肪。

作法 ....

1. 蘋果洗淨去皮去籽，切成小丁，拌入檸檬汁。

2. 熱鍋，加入奶油，炒香蘋果，加入砂糖，煮至蘋果呈半透明狀（約 **15** 分鐘）。

3. 加入玉米粉使蘋果醬黏稠。

4. 冷凍酥皮放置室溫，在黏貼部位沾上蛋液，並在表面劃出切口，將蘋果醬放上，將酥皮黏好。

5. 表面塗上蛋液，放入預熱 **200** 度的烤箱烘烤，約 **15** 分鐘至表面上色。

＼ 小叮嚀 ／

- 冷凍酥皮在烘焙材料行都有販售，也可以自製酥皮。
- 若蘋果醬沒有用完，可以冷藏作為吐司上的抹醬，或是加入紅茶中成為蘋果茶，但此配方中的糖比例很低，要盡快食用完畢。
- 一片冷凍酥皮可以製作成兩個小的酥皮派，適合孩子當點心吃。

Part 7

爲什麼
要讓孩子
玩食物？

孩子最重要的工作就是玩樂，讓孩子透過玩樂的方式，對食物
有更多接觸與了解，進而能夠愛上並珍惜食物。這是我們能給
孩子最棒的回憶和禮物。這個章節的食譜，收錄了幾個我懷念
的「媽媽的味道」，希望每個家裡都有屬於自己的「家的味道」。

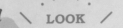
健康是一輩子的禮物

每個媽媽懷孕時最大的希望一定都是一樣的：希望孩子健康。懷孕過程每次的產檢、經歷的所有身體或心理的不舒服，包括陣痛或剖婦產術後的疼痛，我們都會跟自己說：只要孩子健康就好。

我們希望孩子能夠展現生命的價值、可以體驗生命的真善美，因此隨著孩子長大，免不了對孩子有更多的期望，但最初的期待，以及要孩子體驗與實踐更多生命意義的最基本條件，是需要孩子能生存下去，並且要孩子能夠活得健康。但，要怎麼讓孩子健康呢？我常跟孩子說「要照顧好自己喔！那是妳自己的身體，不是媽媽的，媽媽不可能永遠在妳身邊叮嚀妳、照顧妳。」因為我認為健康不只是父母的責任，更是孩子自己的責任。孩子要能夠懂得照顧自己的健康，父母必須先讓孩子了解自己的身體，他們才能知道如何照顧與愛護自己的身體。

身體要能夠健康成長、維持它的修護能力，很重要也最簡單的方式就是從飲食開始。一般人每天都至少會享用到早、午、晚三餐，小一點的孩子還會有一到兩餐的點心時間，扣除孩子在校的午餐和點心時間，再扣除職業父母的忙碌時間，大多數的家庭每天至少有一餐的時間是可以和孩子一起用餐的。在每天都會共處的用餐時刻，可以營造輕鬆舒適的片刻，利用這個機會讓孩子了解餐桌上的每一道料理、每一個食材，從原料、生產、運送、加工、到送上餐桌，每個過程其實都充滿了學問和樂趣。現在網路發達，知識也很普及，孩子即使問出父母不懂的問題也沒關係，查詢一下再和孩子討論，這可是一同成長的時刻呢。

除了餐桌上的食材，若想要維持健康，還需要了解食物的營養以及身

體，了解每個系統／器官／組織，甚至是細胞的功能，了解身體充滿奧妙的運作與調控方式，了解身體所需要的營養成分，當孩子真正了解食物與營養對健康的影響，了解了自己身體，才能在生活中應用，並真正保護自己、保有健康。

健康是我們對孩子從一而終的期望與祝福，利用每天的餐桌時光，從每天接觸的飲食開始，這將是我們送給孩子最棒的禮物。

讓孩子有活下去的能力

前陣子有個媽媽心急地問我：「妳知道人造蛋的新聞嗎？妳可以教我們判別什麼是真的食物嗎？我好怕以後我女兒吃到的都是假的食物，怎麼辦？」

國家地理頻道推出的一部紀錄片《洪水來臨前》（Before the Flood）清楚地記錄了地球遭受的破壞以及它的改變，例如極端氣候出現、海平面上升、農地無法耕作、人類可居住面積縮小，這些問題如果沒有受到重視並做出改變，地球很可能在我們還活著的時候，就已經不適合居住，屆時人類爭奪的不再是石油，而是飲水和糧食。

因為環境的改變，為了節省成本、增加產量，加上科技的進步，越來越

多新的食物和食品誕生，進而產生了許多食安問題，大家無法放心地吃。悲觀一點來說，只要有將利潤擺在首位的商人存在，這個世界上就無可避免地出現品質低劣的食品，也很可能重演多年前在中國發生的三聚氰胺毒奶事件：根本無法食用的東西變成該食品的原料之一。

每當食安事件爆發時，很多人會氣憤地質疑政府單位沒有盡到把關的責任。我對政治和政策決策過程不清楚，我想應該是有更嚴謹的制度來預防或減少食安問題產品的發生，但我也想要替政府單位說句公道話，因為現在並沒有一種機器可以讓我們把食物放上去後就自動分析出所有內含物，也就是目前的檢驗方式都需要先確認檢驗標的才能檢驗的，例如食品中常見且毒性較大的五大重金屬砷、鉛、鎘、汞、銅，或是農產品中的常用的殺菌劑、除草劑、殺蟲劑、滅螺劑、滅鼠劑等都是常見的檢測項目；所以，再嚴謹的政府都無法預料也無從查驗起食品中被惡意添加的成分（誰能想像奶粉中會出現製造美耐皿的化工原料呢？），這也使得食安事件的發生更令人震驚與不安。難道，我們只能坐以待斃嗎？

要活下去，食物是我們不可或缺的，但我們要如何判定食物的真偽、如何挑選「好」的食物呢？我覺得最簡單的方式，就從餐桌上開始。讓孩子品嘗食物的原味，再往前延伸到廚房，讓孩子接觸食物原本的樣貌，最終讓孩子了解農場／牧場／養殖場的運作，更好的方式就是讓孩子體驗甚至真正參與蔬果的種植以及動物的飼養。當孩子熟悉了食物最原始的真正的風貌，假的食物就不那麼容易騙到我們了，對吧？

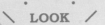

玩樂是孩子最重要的工作

許多媽媽不喜歡帶著孩子接觸食物，因為這麼一來得花更多時間來完成媽媽一個人就可以輕鬆完成的事。為了孩子能夠參與，得特別準備適合孩子的工具和環境；廚房有刀、有火、有熱，非常危險，傳統市場非常髒亂，去一趟菜園總是帶回滿身泥濘像個災難。的確，這些我都了解，也不否認。但，我們都忘了孩子最重要的工作就是玩樂，除了各種五彩繽紛的玩具和先進的電子產品，生活中隨手可得的食物就是最佳的玩耍物品，接觸食物的過程就是最有趣的遊戲啊！在這個看似玩樂胡搞的過程中，孩子默默地學會了很多的知識哩。

要怎麼更輕鬆愉快又簡單的帶孩子玩食物，我們稍後再說，先來看看孩子玩食物的過程中可以學到甚麼吧！

菜園裡，種子如何發芽？發芽後長得太密要怎麼辦？蟲子吃掉了菜苗、土裡有雞母蟲啃掉蔬菜的根、雜草長得比菜還高了，可以怎麼處理？蔬菜要喝多少水？需要多少陽光？需要哪種溫度？什麼情況下可以採收？採收後還會繼續長大嗎？採收過後的土地可以馬上播種種植下一批蔬菜嗎？

市場裡，三個一百元的蘋果和四個一百元的蘋果，哪一攤比較便宜？買一塊豆腐，給了老闆一張百元鈔，該找回多少錢？

回家後，買來的蔬菜、水果、肉類需要冰起來嗎？為什麼木瓜硬硬的就買回家了？香蕉為什麼變黃了會比較甜了？地瓜發芽了還能吃嗎？薑發芽了怎麼辦？

廚房裡，媽媽說麵粉和糖的比例要 10：1，到底該加多少糖在麵粉裡？為什麼一樣是麵粉，麵包可以胖嘟嘟的，蔥油餅卻扁扁的呢？為什麼做麵條要用麵粉、做湯圓要用糯米粉呢？為什麼雞蛋可以做成澎澎的蛋糕？為什麼蝦子熟了就變紅色了？為什麼雞蛋加熱後會變硬、果凍加熱後就融化了？

餐桌上，五彩繽紛的食物更好吃，要怎麼配色呢？餐廳的料理都有美麗的擺盤，我也想要試試看！我想幫自己的飯菜拼成一幅畫，可以嗎？

吃飯時可以發出聲音嗎？我想邊吃飯邊看電視可以嗎？我想吃餐桌上離我很遠的那道菜，可以站起來夾嗎？這道菜好好吃，我可以一個人吃光嗎？

用餐後，餐盤要怎麼收拾比較快又比較方便？抹布洗一洗要怎麼擰乾？我可以拿抹布把剛洗乾淨的碗擦乾嗎？

從菜園到市場到家裡，再從廚房到餐廳到用餐後的收拾，孩子學到了甚麼呢？學會與人應對的方式與良好的用餐禮儀、學會生活裡的數學／物理／化學／生物、學會發揮創意和美感、學會思考和研究精神……。發現了嗎？其實孩子從有趣的食物玩樂中，學會了好多好多。這是生活中的教室，不好好利用真的太可惜了。

懂得惜福感恩是最大的幸福

新聞中不難見到孩子因為一件小事而結束自己的生命,例如和父母吵架、感情上出了問題、或是同儕間相處不融洽,若曾經處在低潮期而有過輕生念頭的人就能明白,要能真正踏出這一步是需要非常大的勇氣。我不忍責備這些孩子過於輕率,我相信他們面臨了很多旁人無法理解的辛苦與壓力,又或者生病了,這些痛苦使他們決定結束自己生命。我並不是佩服這些人的勇氣,也不是鼓勵這樣的行為,但我們應該思考,有什麼方式可以讓他們從不同的角度看待生活中的困境,讓他們能更正面的面對這個世界?

現代父母再怎麼辛苦也會努力讓孩子吃飽穿暖,希望孩子能無憂無慮地成長。是的,讓孩子無憂無慮,的確來自父母對孩子無條件的愛,但當孩子茶來伸手飯來張口,不明白這個世界如何運作,誤以為生命中的一切都如此平順時,一旦生命中出現了不如預期的插曲,這對孩子來說就可能是極大的打擊,成為他們跨不過的關卡。若讓孩子了解每個人的角色功能,便懂得感恩、懂得惜福、懂得體諒,並且更容易感受到幸福;一個容易感受到幸福的人,是不是更能用正面的角度看待生命中的起伏,因而更享受生命呢?

仔細想想,每一口食物都需要好多人的努力,才能進到我們的口中,例如每一株蔬菜需要有農人的辛苦耕種與照料,還需要仰賴適合的氣候才能生長,並且需要有人採收、清洗、包裝、運送、販售,最後還要經過採買、清洗、烹調,才能到餐桌上。當我們帶著孩子思考這些過程,或者讓孩子體會每個環節的工作,孩子在面對餐桌上的一片蔬菜葉子都會因此擁有不同的情感。不少孩子討厭的食物在經過他們動手操作後都會願意嘗試,甚至還覺得很好吃呢!

有個有趣的研究發現：當人帶著不一樣的心情吃下同一種食物，這個食物對食用者的影響可能截然不同。一種情況是：拆開包裝，把巧克力塞進嘴裡，再將它吞嚥到肚子裡去；另一種情況是：將巧克力捧在手心，看著它的顏色和光澤、嗅嗅它的香氣、閉上眼睛用手感覺它的觸感、感謝種植可可樹的農人、想著採收可可豆並將之製成巧克力的所有人、思考著巧克力裡頭的牛奶與糖是如何被生產並與可可混合，然後，將巧克力輕柔地放入口中，用舌頭、牙齒與整個口腔感受巧克力在口中的風味與質地，溫柔地吞嚥下巧克力後，感受巧克力在體內流動的感覺，仔細地用「心」品嘗一片巧克力。以上兩種不同食用巧克力的方式，竟然帶來不同的結果。後者帶著「正念」、用「心」來品嘗巧克力，在食用巧克力後，這些人的正向情緒增加特別多，同時負面情緒也減少較多。姑且不論這樣的研究結果是否能套用到其他食物上，但抱持著正向的態度來看待並享用食物，我相信孩子不但獲取了身體需要的養分，心靈也獲得了滋養，接收到了幸福的感覺呢。

\ LOOK /

這是無可取代的甜蜜回憶

我媽媽常說她自己不會煮飯，因此我家餐桌上通常是很簡單的菜色，炒幾個蔬菜、煎個魚、煮個湯。其實我從來不覺得媽媽不會煮飯或煮的飯不好吃，只是當時也不特別覺得這是山珍海味，但是當媽媽離開了，我便常想念起媽媽的菜，她快速方便的烹調方式，總能讓我們吃出食材的原味。我最懷念的就是酸酸甜甜的番茄炒花椰菜，好好吃！

當我想媽媽時，除了餐桌上的味道，我還會想起我們一起去逛市場的感覺。這些記憶或許不單純是我自己的記憶，還混雜著媽媽後來的描述，但我腦中常會浮現我和媽媽在傳統市場裡挑選肉類、海鮮、蔬果，和熟識的攤販寒暄打招呼，然後再走路回家的情景。挑選食材時，有時媽媽會教我怎麼挑選，有時我僅僅在一旁看著，但聽著媽媽和攤商的對話，我也跟著學到怎麼選購、怎麼烹調料理，還有，怎麼殺價、怎麼做生意、怎麼與人寒暄打交道。

我還很懷念的一道媽媽料理是海鮮湯麵。我非常喜歡吃麵食，尤其喜歡有嚼勁的麵食。媽媽從市場買回來的麵條，雖然已經依照我的要求買最粗的家常麵條了，但我還會趁媽媽在炒湯料時，把麵條攤開在桌上，然後開始幫麵條「綁辮子」，每三條麵條被我編成一條粗粗的白色麻花辮，煮麵時和其他麵條一起丟進滾水裡，再跟大家一起撈上來，這麼一來，一般的麵條熟了，我的麵條因為特別粗厚，所以保留更多麵條的香氣和口感，有時候中心還沒熟透，但我覺得這樣超好吃的呀！媽媽煮湯，我在餐桌上搗蛋，從來也不會被媽媽阻止（大概也阻止不了我），現在想起來，真的都是很特別的令人懷念的記憶啊。

記憶，除了我們腦中記得的知識之外，嗅覺、味覺、還有其他感覺，也都會有記憶，而和媽媽一起玩食物的記憶，充滿了許多的情感，有一天我可能會先忘記我家地址，但當我嚐到媽媽的味道、走回小時候那個市場，童年甜蜜的記憶都會一一湧現，那是伴隨著我長大的無可取代的回憶。

番茄花椰菜

技能別	難易度	料理時間	熱量
🖐 💧 🔪 🔥	★★☆	20 分鐘	192 KCal

本食譜含 **4** 人份

MEMO

★ 番茄含有豐富的茄紅素，茄紅素為油溶性物質，經過些許油炒可以讓茄紅素更好吸收。番茄烹煮時不需要去皮，也可以攝取到更多營養。

★ 花椰菜熱量低，含豐富的纖維素和維生素，且花椰菜屬於十字花科蔬菜，被認為具有抗癌功效，雖然煮熟後會破壞部分生理活性，但是油炒可以縮短烹調時間，對活性成分的破壞較少。

★ 蔬菜提供的蛋白質和熱量都不多，但提供了大量維生素與礦物質，特別是植物化學物質，例如葉黃素和玉米黃素等類胡蘿蔔素、十字花科蔬菜的硫化物、許多蔬果中都含有的類黃酮類或原花青素等酚類物質，這些都具有抗氧化的效果。

材料	調味料
牛番茄　3 小顆	鹽
青蔥　2 枝	
白色花椰菜　1 朵	

作法 ••••••••••••••••••••••••••••••••••••••

 1　牛番茄洗淨切塊，青蔥洗淨切段，花椰菜洗淨後切成小朵花，並
去除外面較老的纖維。

2　熱鍋，加入少許食用油，加入牛番茄炒香。

3　加入花椰菜翻炒，並加一點水悶煮。

4　起鍋前以些許鹽調味，最後撒上蔥段。

＼ 小 叮 嚀 ／

- 花椰菜可以另外川燙後再和牛番茄一起拌炒。
- 這道菜酸酸甜甜鹹鹹，湯汁一定要記得喝掉喔。
- 番茄拿來炒高麗菜也很好吃。
- 蔥的根連著約 5 公分長的蔥白切下來，插進土裡或讓根部泡在水裡，
沒多久就會再長出新的蔥來喔。

家常海鮮麵

技能別	難易度	料理時間	熱量
💧🌿🔥	★★☆	**30** 分鐘	**492** KCal/ 人份

本食譜含 **4** 人份

M E M O ....

☆ 高麗菜為十字花科的蔬菜,含有大量的維生素 C、膳食纖維、葉酸。

☆ 芹菜富含膳食纖維,具有特殊風味。許多人只吃芹菜莖而丟棄芹菜葉,但芹菜葉的維
生素與礦物質含量比起莖要高出許多,千萬不要丟掉,可以切碎後拿來煎蛋、煎餅、
包水餃,相當好吃喔。

☆ 牡蠣含有鮮味成分,因此具有天然的鮮味,且含豐富鈣、鐵、鋅、牛磺酸,其蛋白質
品質優良且易吸收,被稱作「海洋牛奶」。

材料	牡蠣 300 公克
青蔥 2 枝	透抽 300 公克
高麗菜 1/4 個	鮮蝦 300 公克
紅蘿蔔 1 條	手工麵條
芹菜 2 枝	
無刺虱目魚肚 1 片	調味料
蛤蜊 200 公克	鹽

作 法 ···

1 青蔥洗淨，切成蔥花（或蔥段）；高麗菜洗淨切小段；紅蘿蔔切片或切絲；
   芹菜去除葉子後切末。

2 虱目魚肚切塊、透抽切段、蛤蜊吐沙，其他海鮮洗淨。

3 起油鍋，加入蔥花或蔥段以小火煸炒，香味出來後，加入高麗菜和紅蘿
   蔔拌炒。

4 加入清水或高湯，將蔬菜煮熟。

5 將海鮮放入湯中煮熟，最後以鹽調味。

6 另外起一鍋水煮麵條，再將麵條和海鮮湯混合，上桌前撒上芹菜末即可。

＼ 小 叮 嚀 ／

- 蛤蜊一定要吐沙。吐沙方法：將蛤蜊泡在鹽水中，靜置約一個小時。
- 新鮮海鮮可以分裝後冷凍保存，解凍過的食材就要當次料理，不適宜重複冷凍
  和解凍。
- 蛤蜊可以放在塑膠袋中，將塑膠袋轉緊（模擬真空狀態），冰在冷藏室保存。
- 海鮮大多帶有鹹味，因此一定要在海鮮都下鍋後再調味。
- 新鮮麵條若當餐沒食用完，可以依照每次食用的份量捲成一球一球，冰在冷凍
  庫保存，每次剝下當次要吃的數量，不用解凍，直接丟入滾水中煮熟就可以了。
- 熬煮大骨高湯或蔬菜高湯取代清水，可以讓湯頭更豐富。
- 除了可以煮成海鮮麵，也可以來個南部的「飯湯」：在碗裡添入白飯，再把煮
  好的湯料加入其中。

LOOK

技能別

難易度
★★★

製作時間
30 分鐘

熱量
485
KCal/ 人份

炒米粉

材料

豬肉絲　200 公克、青蔥　3 支

乾香菇　3 朵、紅蘿蔔　1/2 條

高麗菜　1/3 個、米粉

本食譜約 3 人份

調味料

醬油、鹽

烏醋

MEMO···

☆ 米粉是在來米經過磨漿、糊化、擠壓、蒸煮、再乾燥而成，因為已經是熟的產品，因此烹煮時間很短就可以上菜，是非常方便的食材。

☆ 傳統的米粉為純在來米製成，含有在來米的營養，且是台灣的特產，簡單快速料理就可以讓米香濃厚的米粉上桌。目前台灣的米粉為了增加口感並節省成本，純米製作的米粉已經較為少見，大多添加了修飾澱粉，優點是久煮不爛，口感較好，但缺乏米香味。政府已規定業者須要標示含米量，消費者可以依照自己的喜好選擇適合的米粉產品。

作法 ••

 1 青蔥切段;乾香菇洗淨、泡水軟化後切絲(泡香菇的水留著);紅蘿蔔切絲,高麗菜切段。

2 米粉沖洗後泡水。

3 熱鍋,加入一點油,放入豬肉絲煸炒。

4 加入蔥段與乾香菇炒香,再放入紅蘿蔔與高麗菜絲拌炒。

5 醬油沿著鍋邊灑入鍋中,再和所有材料拌炒均勻。

6 加入步驟 1 中的香菇水煮滾,以鹽、白胡椒粉、烏醋調味。

7 加入米粉,蓋上鍋蓋悶至米粉熟透,所有材料攪拌均勻並等待湯汁收乾即可。

＼ 小叮嚀 ／

- 每個牌子的米粉烹調方法和烹調時間不相同,建議看包裝說明。
- 豬肉絲可以用五花肉或是梅花肉,因為油脂比例較高,久煮也不會過硬。
- 蔬菜可以提供甜味,所以蔬菜的比例要多一些才好吃喔。
- 若孩子年紀較小,不適合拿刀,也可以請孩子洗好高麗菜後用剝的。
- 讓醬油接觸熱鍋可以增添香味,但要避免醬油單獨接觸鍋子的時間太久而燒焦。

肉燥

技能別	難易度	料理時間	熱量
	★★★	70 分鐘	615 KCal

本食譜含 5 人份

材料

豬絞肉　150 公克

紅蔥頭　60 公克

調味料

醬油　2 大匙

糖　1 小匙

五香粉　1 小匙

白胡椒粉　1 小匙

MEMO ·····

☆ 豬肉提供了優質的蛋白質與脂肪酸，且能提供鐵，具有預防缺鐵性貧血的效果。

☆ 肉品本身一定含有細菌，特別是絞肉的風險最高，因此絞肉的烹調一定要煮到全熟，
即便是高品質的牛肉，若製成絞肉（例如牛肉漢堡排），煮到全熟才是最安全的。

作法 ···

1 紅蔥頭洗淨、去皮、切絲。

2 熱鍋後，轉小火，將豬絞肉放入拌炒，絞肉須完全炒熟。

3 加入紅蔥頭炒出香味。

4 加入醬油、五香粉與白胡椒粉拌炒。

5 加入水（蓋過絞肉），再以糖調味。

6 小火燉煮約 1 小時。

＼ 小 叮 嚀 ／

- 豬絞肉可以依照喜好挑選肥瘦比例。
- 絞肉要炒熟炒香再調味和燉煮會比較好吃。
- 烏醋、米酒、鹽、咖哩粉、肉桂粉可拿來調味。
- 如果不想顧著燉煮中的肉燥，請電鍋幫忙是個不錯的選擇。

皮蛋蒼蠅頭

技能別	難易度	料理時間	熱量
	★★☆	20分鐘	745 KCal

本食譜含 **4** 人份

MEMO ··

☆ 韭菜花是韭菜的花苔，口感清脆，含有 β-胡蘿蔔素、膳食纖維、維生素 B 群、維生素 C。韭菜花性溫味辛，具有活血、健胃、補腎、潤腸通便等效果。

☆ 皮蛋的特殊顏色與風味來自其製作過程中的鹼，將蛋置於鹼性環境中，使蛋的 pH 值提高，導致雞蛋的蛋白質變性，成為透明如果凍般的蛋白與乳狀的蛋黃。

材料

豬絞肉 **150** 公克、韭菜花 **180** 公克
豆豉 **20** 公克、皮蛋 **2** 顆
蒜頭 **20** 公克、辣椒 **1** 支

調味料

醬油 **1** 大匙

作 法 ••

1 韭菜花切小丁，蒜頭及辣椒切末，皮蛋煮熟後放涼切丁，豆豉泡水
  備用。

2 熱鍋，放入豬肉末焗炒出油脂，再加入蒜末與辣椒末爆香。

3 加入少許醬油炒香。

4 加入豆豉拌炒。

5 放入韭菜花丁、皮蛋丁快速拌炒。

6 撒入一些泡豆豉的水，拌勻後收乾湯汁。

\ 小叮嚀 /

- 皮蛋蛋黃為黏稠狀，因此先把皮蛋蒸熟或煮熟，待蛋黃凝固後才容易操作。
- 若選購的豬絞肉油脂比例較低，可加入一點油來拌炒。
- 提早加入辣椒拌炒，辣度較高。
- 辣椒若使用不完，可以冷凍保存。
- 這道菜通常會比較鹹、比較下飯，建議依照自家口味與飲食習慣調整鹹度。

Part 8

一步一步
和孩子玩食物

帶著孩子接觸食物，是一件有趣的工作，不論孩子在哪個發展階段，他們都可以在食物中找到自己的「工作」，讓孩子非常有成就感。這個章節列出幾個各年齡層的孩子都可以參與的食譜，特別是讓他們可以「動手」捏、揉、桿，或是讓孩子自己發揮創意。

「讓孩子進廚房」是不可能的任務？

「在廚房總是手忙腳亂的，我不准小孩進廚房的，太危險了！」

看到我讓孩子進廚房的媽媽有部分會覺得不可思議，媽媽們（或爸爸們）在工作或照顧孩子之餘，若要在廚房煮一頓飯，為了要避免孩子一離開大人的視線就闖禍、發生危險、或是情緒失控，可是得和時間賽跑的；加上台灣市區的房子，廚房規劃都很小，一個人在裡頭都嫌擠了，怎麼可能讓難以控制的小孩進廚房？廚房有刀、有火，好危險哪！有水、有油，不小心就可能滑倒！沒有個寬敞又新穎的廚房，怎麼可能讓孩子下廚呢？

方正、寬敞、採光通風良好，防滑的木紋磁磚，全新的符合人體工學的廚具和櫥櫃，內崁式的烤箱和洗碗機，中島設計、雙水槽、大理石檯面，孩子們開心安全地在廚房中一起烹調，體驗下廚的樂趣。這樣的廚房，是我的夢想啊！我在台北看過不少房子，在台北也換過幾次的住所，台北的廚房大部分都是一字型的設計，我用過的幾個廚房也不例外：地上鋪的是最簡單的光滑白色磁磚，且都是之前的屋主／房客使用過的、大約二十年的廚具櫥櫃，這和我理想中的廚房真的差很多。但，我還是讓孩子參與了廚房的工作。

選擇適合的料理環境

首先呢，烹飪工作不一定要在廚房進行嘛。

一般家庭的廚房，流理台和水槽的高度是配合大人的身高來設計的，所以我買了一個防滑的小椅子讓孩子可以在水槽洗碗、洗菜。除了清洗的工作之外，大部分的工作都可以移到餐桌上進行。餐桌較流理台寬敞，更方便孩子操作；搭配上適合孩子身高的餐椅，讓孩子穩穩地坐著，比起站在廚房的小板凳上還要安全。親子一同在餐桌上，大人示範，小孩學習，熟練了還可以邊做邊聊天，是不是非常美好呢？

在餐桌上可以進行的工作很多，雖然清洗的工作需要移到廚房，一些用品可能得要搬動，但安全寬敞的環境更為重要，器具或食材的搬運也可以請孩子一起幫忙。

說到餐桌，我不得不提一下我的家具。我家可以沒有沙發、沒有書桌，但一定要有的就是餐桌和餐椅了。用餐時，它是我們的餐桌；備餐時，它是我們的工作檯；製作點心時，它是我的揉麵桌；其他時間孩子可以畫畫、寫功課，我也可以使用電腦工作，它成了我們的書桌。這麼做，可以減少其他家具的需求，讓單一張桌子充分發揮功能；也因為需要經常使用，所以需要保持乾淨，不會淪為雜物區，讓家裡看起來更清爽。為了讓孩子適合在餐桌上用餐／備餐／畫圖／寫字，我也會為孩子選擇適合她們身高的椅子。我搬到目前的住所後，只添購了餐桌餐椅，以及孩子的床（其他的家具都是友人贈送的二手家具），可見餐桌和餐椅對我們家有多重要了。

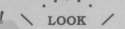

選擇適合的料理工具

我曾經看過國外網站那種專門給孩子使用的餐具鍋具,包括打蛋器、鋼盆、刮刀、鍋具、鍋鏟⋯⋯,真的好可愛喔。考量到家庭的空間和實用性,我並沒有特別為了孩子添購特殊規格的工具,但為了安全和操作上的方便,我還是會留意工具的選擇。

除了水槽和流理台需要防滑且面積夠大的小凳子,如果要利用瓦斯爐烹調,小凳子也是必需品,同時要留意鍋具的大小和重量。若孩子的高度不夠,孩子可能太靠近爐火,會有觸碰到火的可能;太輕的鍋具在孩子攪拌時容易晃動甚至打翻,也會有燙傷的危險;如果可以,我建議使用有把手且有防燙裝置的鍋具,例如有塑膠長柄的平底鍋,或是有塑膠耳朵的湯鍋,因為隔熱手套對孩子的小手來說不是很容易操作,若一時忘記使用隔熱手套,也可能會燙傷。

如果不想孩子靠近瓦斯爐,可以考慮使用電陶爐或是電磁爐,這種加熱工具比起瓦斯爐的明火安全一些,而且不需要擠在小廚房中使用;但電陶爐或電磁爐需要插電,所以要留意電線的配置以免孩子絆倒,還有,不管用哪種爐子,加熱後一樣會有高熱,同樣要留意孩子的安全避免燙傷。

是否要選購特殊的刀具給孩子使用呢?對我來說,刀子是要切斷食材的,所以購買鋒利的刀子比起完全切不傷手的刀子還要重要(完全切不傷手的這種工具應該就不能稱作刀子了,只是刀子造型的玩具),孩子使用太鈍的刀子會特別用力,這樣反而更容易發生危險。因此我給孩子用的刀具,考量的是重量與長度,要方便孩子單手可以輕易拿起,前端

也會選用圓弧狀而非尖銳的造型，這可以減少孩子不小心刺傷自己或他人的可能性。

在切東西時，除了要有刀子，還需要砧板，更重要的是砧板需要止滑。所以我不會給孩子玻璃的砧板，而是提供常見的塑膠砧板，砧板的重量若是不夠，可以在砧板的下方平放一塊乾淨的濕布，這可以有效防滑。因為孩子還不太會控制使用道具的力道和方向，所以防止砧板和食物滑動非常重要。

除了上述和火與刀有關的工具之外，像是攪拌盆、打蛋器、刮刀…都有不同尺寸可以選購。我們帶著孩子操作時通常是小量操作，所以選購小一點的工具不但符合我們的需求，也適合孩子使用。

LOOK

依照能力分派工作

要帶著孩子參與廚房的工作時，請記得依照孩子的年齡和程度分派工作。常有人問我「老師，四歲的小孩可以上烹飪課嗎？」「小一可以開始拿刀子了嗎？」我的回答都一樣：請依照孩子的能力判斷。孩子的能力真的和年齡沒有一定的相關性，而是和家長放手的程度有關。當然我

不會要一個一歲的孩子拿刀切菜，因為這個年紀的孩子精細動作發展還不夠，所以不能說能力和年齡完全沒有相關性；但是我遇過可以穩定操作菜刀的小班孩子（三足歲），也遇過不會使用剪刀的大班孩子（五足歲），這些發展的差異，除了來自孩子天生的特質之外，也和後天的環境有關；那個小班孩子的媽媽平常就會讓他協助廚房的工作，而那位大班的孩子，媽媽則擔心他調皮搗蛋發生危險，所以一直使用恐嚇的方式來嚇阻孩子，使得孩子不敢嘗試他認為危險的工作，包括使用剪刀。

在不確定孩子的能力之前，可以先從危險性較低的工作開始，例如讓孩子將高麗菜洗乾淨後剝成適當的大小，或者請孩子將皇帝豆從豆莢中剝出來，洗菜也是孩子可以嘗試的工作，通常孩子都很愛玩水，所以會很喜歡幫忙洗菜。製作點心時，敲破蛋殼取出蛋液、混合麵糊、或是將麵團整形，這些也都是很有趣的工作，而且不具危險性。當要使用削皮刀、菜刀、剪刀等可能具有危險性的工具時，頭幾次務必請家長帶著孩子進行，仔細說明並示範，再放手讓孩子自己做。即使是經驗豐富的大廚在廚房中也難免會受傷，像是被刀子劃傷或是被油噴到燙傷，所以，孩子在學習的過程中受傷也無法完全避免的。當孩子受傷時，家長一定要冷靜、同理孩子、安撫孩子，陪同孩子共同面對並解決，孩子就可以接受自己的傷。有時孩子受傷大哭不是因為傷口真的那麼痛，而是家長驚慌失措或心疼不已的態度嚇得他們大哭的呀。

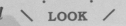

簡化料理工作

許多人覺得在廚房做一頓飯有太多繁雜的步驟了,特別在時間不夠充裕的情況下,總是會手忙腳亂,如果還要帶著孩子做,根本就是不可能的任務。

我承認,如果今天是除夕夜,全家十幾個人要圍爐,還有挑嘴的長輩在,十幾道的菜等著熱騰騰地上桌,真的會手忙腳亂。但,我們可不需要天天圍爐過新年啊。

我們可以利用不同的時段進行不同的工作,把買菜、洗菜、切菜、煮菜的步驟分開,一次做一件事情可以不需要又顧爐火又備料,做起事情來就顯得從容優雅許多,帶著孩子一起進行就完全沒問題了。更詳細的做法可以參考第九單元。

提升興趣,什麼都不做也沒關係

先前提過,孩子們最重要的工作就是「玩」,既然我們要讓孩子一起參與,當然也是要用「玩」的方式來進行。

「玩」並不代表隨便,就像孩子在玩積木、玩水彩,他們也都是很認真專注的,前提是他們感到興趣。所以只要引起孩子的興趣,「玩」食物時孩子也會專注認真,而非以嬉鬧的方式來進行,我們期望的是孩子以玩樂喜悅的心情和認真用心的態度來面對食物。

每個孩子的特質不同，每個孩子接受的教養方式也不同，所以很難三言兩語說明要用什麼方式帶著孩子一起玩食物。以我接觸過的孩子為例，有的孩子穩定度很高，而且很願意嘗試，這樣的孩子就可以多放手讓他自己動手；有的孩子可能專注力不夠或者肌肉的發展還不夠穩定，但對所有事物都充滿興趣，什麼都想要碰看看、試試看，那麼就仔細地說明每個步驟，並且陪伴在旁邊，適時給予協助，特別是使用到刀具或靠近爐火時；有的孩子很怕受傷，或者曾經聽過可怕的故事，他們會非常害怕碰到刀子、看到火，甚至害怕觸碰到某些食材，對於這些孩子，我不會要求他們攪拌爐火上的食材、拿刀子切菜、或是去碰他害怕的東西，但我會在他身邊示範給他看，如果他願意，我也可以牽著他的手帶他做。

我的孩子通常會主動說「媽媽，我要幫你煮飯」或者看我準備做麵包時就要求要幫忙秤材料、混合材料、或是揉麵糰，但有時候她們可能沉迷於手邊的書或是勞作，讓她們對食物失去興趣，我不會要求她們一定要過來參與廚房的工作，而讓她們做自己當下正在進行的事，通常等她們完成了自己的事就會主動湊過來了。

如果孩子對這些工作真的沒興趣，不妨用「可以請你幫忙嗎？」的方式，讓他覺得自己可以「幫忙」、是有貢獻的，大多數的孩子都會樂意協助。又或者開口說「你可以來陪我嗎？」讓孩子跟在你旁邊看著你做，順便解說一下自己在做什麼，或者聊聊天，即使只有很短暫的時間也沒問題，有時看著看著，他就會想要動手了呢。

別忘了，用鼓勵的方式讓孩子參與食物的製作，並且用玩樂愉悅的心來

看待每項工作，當孩子有任何進步時要給予具體的讚美，例如：「你今天把空心菜洗得好乾淨喔！我們晚餐就可以吃到新鮮又乾淨的青菜了。」如果孩子無法如預期完成時，也要保持冷靜樂觀的態度，鼓勵他，同時帶領他一起解決問題，例如他在打蛋時不是把蛋白蛋黃打入碗中、把蛋殼留在碗外，而是把整顆蛋捏碎了讓蛋殼與蛋液全都混在碗裡了，那就帶著孩子一起把蛋殼挑出來，告訴他「我們本來就要把蛋白和蛋黃混合在一起的，所以蛋黃破掉了也沒關係喔！挑完蛋殼我們來洗手吧！」雖然本來想煎一個太陽蛋的，既然蛋打散了，那我們就換成炒蛋，也是一樣健康美味的，重點是孩子學會了如何打蛋、如何善後，比起完美的太陽蛋更珍貴。

水餃皮蔥油餅

技能別	難易度	料理時間	熱量
🖐💧🔪🔥	★★☆	15 分鐘	75 KCall/ 個

本食譜含 **4** 個

材料

水餃皮　**16** 片

蔥　**50** 公克

調味料

鹽　**1/8** 小匙

白胡椒粉　少許（可省略）

MEMO ....

✿ 蔥含有硫化物，提供了特殊風味，此外也含有豐富的膳食纖維、維生素、礦物質，可以抗癌並提升免疫力，料理後的香氣也具有增進食慾的作用。

✿ 蔥在中醫藥中被列為藥材之一，具有刺激血液循環、促進發汗、增強消化液分泌、增加食慾等功效，因此在受到風寒或是感冒初期可以做為食療的食材。

作法

1 蔥洗乾淨,將蔥白連著根切下來種植,其餘的部分切成蔥花。

2 蔥花拌入少量鹽和胡椒粉備用。

3 取水餃皮四片,部分重疊,手沾水在重疊處,讓水餃皮黏在一起。

4 鋪上蔥花。

5 捲起水餃皮,將蔥花包在其中,變成圓柱狀。

6 再將步驟 **5** 的蔥花捲捲成蝸牛狀。

7 稍稍壓扁,熱油鍋煎熟即可。

＼ 小叮嚀 ／

- 加鹽除了調味,也可以讓蔥稍微出水、組織較軟,比較容易操作。
- 若不喜歡太厚的餅皮,可以用桿麵棍桿薄一點再包。

\ LOOK /

Pizza

技能別	難易度	料理時間	熱量 A	熱量 B	本食譜含 **8** 片
🤚💧🖌🔥♨	★★☆	40 分鐘	190 KCal/ 片	135 KCal/ 片	

M E M O ··

✿ 洋蔥在中醫上屬味辛性溫的食材，對於風寒引起的症狀具有緩解作用，但體質燥熱者
  則不適合多食。不少研究中也證實洋蔥具有抗菌、抗癌、調節血糖血脂等功效。

✿ 食物中的營養成分經過烹調後，有部分會因為接觸空氣、組織受到切割、照到光、加
  熱而破壞，或是溶到水中而流失，例如維生素 C；但也有的營養成分經過烹調後而更
  好吸收，例如澱粉。

麵皮		配料
高筋麵粉	250 g	A. 番茄、青花菜
低筋麵粉	50 g	蘑菇、玉米粒
水	180 g	洋蔥、乳酪絲
鹽	1/2 t	番茄醬
酵母粉	1/2 t	B. 玫瑰鹽、蒜味香料

作 法 ....

1　麵皮的材料全部混勻，揉成光滑的麵糰。

2　讓麵糰鬆弛一下。

3　所有蔬菜清洗後切成薄片或小塊。

4　不易熟的蔬菜要先燙過（蘑菇和青花菜）、瀝乾。

5　麵皮分割後，滾圓鬆弛一下，用桿麵棍或雙手壓／拉成需要的形狀。

6　口味 A 塗上番茄醬，鋪上配料，最後放上乳酪絲。口味 B 撒上玫瑰鹽和香料。

7　烤箱預熱 230 度後烤約 15 分鐘。

＼ 小叮嚀 ／

- Pizza 入烤箱的烘烤時間大約僅 15 ～ 20 分鐘，食材無法熟透，不適合生吃的食材記得先煮熟。
- 放太多料容易讓麵皮濕軟口感不佳。
- 吃葷的人可以使用番茄糊（通常含有蒜頭或洋蔥），口味比較豐富。

\ LOOK /

技能別

彩色湯圓

材料

糯米粉、黑芝麻、紫色高麗菜
菠菜、番茄、薑黃粉、水

難易度
★ ☆ ☆

料理時間
50 分鐘

熱量
140 KCal/50g
(約半碗)

MEMO ···

☆ 糯米的澱粉結構含有較高量的支鏈澱粉，若食用過多可能會造成消化不良、腸胃不適，
　 建議少量食用。

☆ 薑黃可以做為調味料或是天然色素使用，是咖哩的成分之一。薑黃素是熱門的研究題
　 材，被發現具有抗發炎、抗氧化、抗癌、預防心血管疾病、預防糖尿病等效果，但這
　 些實驗多為細胞或動物試驗，在人體的功效與有效劑量及安全性仍待進一步研究。

作法 ....

1　紫色高麗菜、菠菜、番茄洗淨切塊／段。

2　利用果汁機將上述三種蔬菜分別打成汁，濾掉渣後取汁液備用。

3　黑芝麻用料理機打碎備用。

4　糯米粉分別用紫色高麗菜汁、菠菜汁、番茄汁揉成紫色、綠色、粉紅色。

5　另外使用薑黃粉和黑芝麻粉，和入糯米粉中，加水揉成團（黃色、黑色）。

6　讓孩子自己做成他們喜歡的形狀或圖形。

7　煮一鍋水，放入揉好的造型湯圓，當湯圓浮起就可以食用囉！

＼ 小叮嚀 ／

- 如果想要鮮艷一點的紅色／橘色，可以使用甜菜根或是紅色火龍果。

- 薑黃粉有一種特殊味道，如果擔心孩子不能接受，可以用蒸熟的南瓜泥或地瓜泥取代薑黃粉。

- 各種蔬果都可以拿來做成天然色素湯圓，不限於食譜中的食材。

- 水和糯米粉的比例大約是 **1 : 2**，不同廠牌的糯米粉，水的使用比例不相同。

- 糯米糰在乾冷的天氣很快就會變硬，可以把先搓好的糯米糰裝在加蓋保鮮盒裡，避免冷氣或電扇直吹。

- 湯圓煮熟後可以加入甜湯或鹹湯中食用，或者趁熱拌一點砂糖。

香菇瘦肉湯

技能別	難易度	料理時間	熱量
	★★☆	25 分鐘	435 KCal

本食譜含 **3** 人份

材料

紅蔥頭　**4** 瓣

青蔥　**2** 枝

乾香菇　**7** 朵

豬肉絲　**100** 公克

青菜　適量

調味料

醬油、鹽

MEMO

許多人料理時喜歡用油蔥酥，油蔥酥經過油脂高溫油炸而成，含油量較高，加工過程的溫度也較高。若自己用紅蔥頭來料理，一樣會有油蔥的香味，且避免攝取過多油脂或劣化油脂的可能。

作 法 ....

1　乾香菇洗淨後泡水、切絲。

2　紅蔥頭切碎，青蔥與青菜洗淨後切段。

3　熱鍋後加入一點油，炒香紅蔥頭、蔥段、香菇，再加入豬肉絲炒熟。

4　加入醬油翻炒，再加水煮成湯，最後用鹽調味。

5　起鍋前加入蔬菜煮熟。

＼ 小 叮 嚀 ／

- 冬天的茼蒿和菠菜很適合，夏天就選自己喜歡的青菜就好。
- 紅蔥頭和蔥炒香後燉煮，混仕香菇和蔬菜中，小朋友完全不會抗拒。
- 不建議讓小孩切洋蔥、紅蔥頭、青蔥等食材。

· · · ·
\ LOOK /

鮮蔬麵疙瘩

麵疙瘩	鮮蔬湯
中筋麵粉	番茄、西洋芹
水	玉米筍、洋蔥
	黑木耳、洋菇
	豆腐

技能別	難易度	料理時間	熱量
	★★☆	50分鐘	324 KCal/人份

本食譜含 **4** 人份

MEMO ···

☆ 因為製作過程中使用的凝固劑含有鈣，板豆腐是一個不錯的鈣質來源。烹調豆腐時若不需要特別追求軟嫩的口感，可以選擇板豆腐。

☆ 植物的不同顏色來自其中的不同色素，例如：綠色的葉綠素，黃、橙、紅色的胡蘿蔔素、玉米黃素、花黃素、茄紅素、辣椒紅素，淡黃色的花黃素，紅色和紫色的花青素，紅色的甜菜色素。

作 法 ••

麵疙瘩

1. 中筋麵粉＋水（大約 1：1 的比例）。

2. 揉到麵糰、手、桌面光滑。

3. 麵糰放著休息一段時間（趁這段時間煮蔬菜湯）。

4. 麵糰切割後搓成長條狀，再掰成麵片。

5. 水滾後放入麵片，浮起來代表已經熟了。

鮮蔬湯

1. 蔬菜洗淨切塊。

2. 熱鍋後加一點油炒香洋蔥和番茄。

3. 加水煮滾，可悶煮一段時間後，再加入其他蔬菜煮熟，最後以鹽調味，並加入豆腐丁。裝到碗裡，加入煮好的麵疙瘩，就可以享用囉～

＼ 小叮嚀 ／

- 麵疙瘩的麵糰裡面可以加一點鹽和一點油。
- 麵疙瘩讓孩子操作，就像黏土一樣，充滿趣味。
- 可以依照購買食材的方便性或喜好，自行搭配。
- 這是蔬食食譜，所以最後我加了一塊豆腐，增加蛋白質。
- 豆腐如果沒煮完，可以切割後包裝好放冷凍變成凍豆腐。

Part 9

簡單快速的
採購與
烹飪方式

下廚，不僅是在廚房工作這麼簡單，還要採買、設計、收拾，怎麼想都是一個不小的工程。但只要用對方法，規劃好餐點、有效率地採購，並懂得挑選和保存食材，即使是上班族也可以在下班後快速上菜。只要備妥材料，文末的幾個懶人食譜都可以幫助大家快速出餐，即使忙於工作和孩子，也可以抽出時間來讓家裡的廚房和餐桌重新啟動。

為什麼一定要自己下廚？

我和定居歐美或日本的朋友聊過，在這些國家，大家外食的比例較低，其中一個主因是外食比起自己下廚要貴很多，所以通常會在特殊節日才在外用餐，平日盡可能買食材回家自己下廚。在台灣可就不是這麼一回事了，台灣滿街都是平價的小餐館。

外面買個便當，便宜的 50 元就有，貴一點的 100 元，有飯、有三四樣配菜、還有肉啊、魚啊、雞腿的；或者去吃碗麵，一大碗不到 100 元也是吃得好飽。之前有朋友託我做便當，我便認真計算我每一餐的食材成本，這時我才知道，自己煮一餐，光食材的成本就高過一個便當或是一碗麵了，還得加上我花掉的時間成本，以及水費、電費、瓦斯費，比起外食要貴很多啊。

但再仔細想想，我用的食材都是我自己挑選、自己清洗的，每一餐都會注重營養與食材的均衡，真要比價的話，我的餐點應該要跟大飯店放在同一個等級比嘛。這麼相較之下，自己下廚還是便宜多了，更重要的是完全客製化，而且吃得很安心吶。如果想要省錢，控制一下預算，也是可以變化出營養豐富的餐點的。

對於現代人來說，省錢也不是外食的唯一原因了，更重要的原因是外食真的方便很多。在台灣，住在市區的朋友，下樓就可以找到食物吃，如果住在偏僻一點的地方，總還會有便利商店，而且還是 24 小時營業的哩。選一家喜歡的店，就有熱騰騰的飯菜送到你面前，省去買菜、洗菜、切菜、烹調的時間和精力，吃完後付錢就可以離開，不用收拾、不用洗碗、不用處理垃圾和廚餘。

沒錯，在台灣，外食真的不需要花大錢又方便，但在家開伙下廚所帶來的是身心靈的滿足啊。自己下廚可以依照家人的健康需求挑選食材並控制調味，可以在一餐裡均衡提供各大類食物和營養素，一家人聚在一起準備餐點、在餐桌上用餐、餐後再一起收拾，提供了家人相聚的時光，大家可以在工作與學業以外的時間一起工作、一起分享，可見得家人一起下廚一起用餐，為的不僅是填飽度子而已，同時滋養了身心靈。

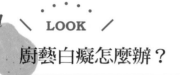

LOOK

廚藝白癡怎麼辦？

「我是廚藝白癡，我做的東西都沒人喜歡吃。」
「每天光上班／顧小孩就夠累了，怎麼可能常自己下廚？」
我很常聽到這樣的不下廚的理由。我懂。

我今天突然想起來自己在高中時跟同學爭論要如何把蔥油餅煎得酥脆，我當時雖然喜歡做小點心，但對於一般的菜餚沒甚麼概念，因此我反對同學的提議，堅持鍋子不能放油且要開大火，我以為把蔥油餅煎焦就是讓它變得酥脆的好方法呢。但我上大學後，有一段時間舅舅和舅媽因為工作的關係住在台北，我就因此常到舅媽家吃飯，我總會提早去聊天，邊聊天邊看著舅媽準備餐點，看著看著就覺得：原來煮飯這麼簡單啊！舅媽輕鬆優雅就可以準備一桌菜，我一定也可以！於是我自己花更多時間待在廚房，也開始愛上廚房裡的工作。但，我也有工作要做，找也有兩個孩子要照顧。要如何克服時間的困難呢？

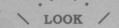

規劃餐點內容

在決定下廚前，或是要採買食材之前，最重要的一件事就是要想想：我要煮什麼？我想這是所有要下廚的煮夫或主婦最感到苦惱的一個過程了，因為我們希望煮出好吃又營養均衡的餐點嘛。

營養均衡，這四個字大家都會說，但是到底甚麼是營養均衡呢？

首先我們要知道，我們攝取餐點的目的就是為了其中的營養素。在營養學上，六大類營養素分別是醣類（碳水化合物）、蛋白質、脂質、維生素、礦物質、以及水分。不同年齡、不同身高體重、不同性別、不同活動量、不同生命期的人所需要的營養素比例與量都不相同；每一大類營養素中又包含多種的不同的營養素，例如蔗糖、果糖、澱粉、膳食纖維都屬於醣類；每一種食物當中含有的營養素種類與比例也不相同，例如鮮奶和香菇中含有六大類營養素，但當中的成分以及比例不同，又例如大部分的蔬菜和水果中幾乎不含脂質。看到這裡，大家一定覺得很複雜，總不可能為了準備均衡的一餐還要去查詢家庭成員所需要的各種營養素含量吧？

為了簡化，許多國家政府都訂定了飲食指南與指標，利用簡單易懂的文字與圖片供國民作為每日飲食計畫的參考，而飲食指南與指標也會隨著飲食習慣、營養攝取情形、以及健康狀況，而有不同的進展。

台灣的飲食指南早期採梅花圖形，將食物分為五穀根莖類、蔬菜類、水果類、奶類、蛋豆魚肉類、以及油脂類，份數都標示在圖片中，其中的五穀根莖類排在梅花餐盤的中心，顯示的面積最大，其餘五類食物所占

的圖片面積相同。2011 年 7 月 6 日，公布了新版的飲食指南，以扇形圖取代了原本的梅花圖形，利用不同顏色與區塊大小代表不同食物種類與建議攝取量，除了調整建議攝取量外，並將五穀根莖類改為全穀根莖類（鼓勵攝取原態食物、增加微量營養素的攝取）、將蛋豆魚肉類改為豆魚肉蛋類（以低脂的蛋白質來源為首選）、奶類改為低脂乳品類（減少脂質的攝取）、而油脂類則改為油脂與堅果種子類（每日應攝取一份堅果種子類），此外在圖形中加入運動與飲水的圖示，提醒國人要適度運動，並以開水取代含糖飲料。中央研究院營養資訊網（https://gao.sinica.edu.tw/health/plan.html）也提供了健康飲食的資訊供民眾查閱，可供民眾輸入基本資料後算出 BMI 值與六大類食物的建議攝取量。

再來看看美國，1992 年美國使用的是「食物金字塔」（food guide pyramid），2005 年更新為「我的金字塔」（my pyramid），目前使用的版本是 2011 年發布的「我的餐盤」（my plate）。

為什麼要特別提到美國的「我的餐盤」呢？因為我覺得這是最簡單且容易應用的一個飲食指南了。除了乳品之，把一餐要食用的菜色分成大約四等分，分別填入「蔬菜」、「水果」、「穀類」、「蛋白質」四類，蔬菜與水果類佔餐盤的一半，蔬菜略多於水果類；蛋白質量不超過一餐的 1/4，剩下的部分就是穀類食物。更簡便的方法就是直接均分成四等份，分別為蔬菜、水果、穀類和蛋白質，其中穀類包括全穀類、根莖類（例如：地瓜、南瓜、山藥），蛋白質則包含蛋、豆、魚、肉等。準備了這四類菜色後，再依照當餐的烹調量與個人的需求或喜好略為調整；這樣不但能夠營養均衡，又可以滿足個人的需求與家庭的便利性。

簡單來說，每一餐我都會準備全穀根莖類、蔬菜類、以及蛋豆魚肉類，並依照情況準備少量水果，水果和蔬菜佔當餐的 1/2 份量，全穀根莖類比豆蛋魚肉類略多一些。這樣，就會是均衡的一餐了。

\ LOOK /

有效率的採購

將需要的食材買回家，是準備下廚的第一個動作。上班族不太可能每天到市場買菜，小家庭的人數不多，好像怎麼買都不太對，有時決定要下廚了卻臨時有聚會或突然得加班。所以，家庭的組成方式與家庭的用餐習慣和烹調頻率會影響食材的需求，進而影響採購的內容，而住家周邊的機能或交通方式，也影響著採購的方式。

「妳都去哪裡買菜？」不少人這麼問過我，因為他們想要知道哪裡可以買到好的食材。我認為，最適合自己的就是最好的採購地點囉。傳統市場、一般超市、有機超市、或者是大賣場都是可能的食材採購地點。

逛市場其實是一件有趣的工作，特別是傳統市場，因為傳統市場裡擁有許多超市或大賣場裡沒有的味道，不論是食材的味道，還是人情味，而且傳統市場裡賣的東西五花八門，有的還可以直接看到製作過程（例如：榨油、製作潤餅皮），在和老闆買賣聊天的過程中也可以學到許多，特別是看到自己沒有烹調過的食材時，請老闆教一下，就可以回家試試看了。但傳統市場營業時間較短，且環境顯得較為髒亂或不安全、沒有超

市或是大賣場那麼舒適，所以現在越來越少人喜歡到傳統市場採購了，特別是要帶著孩子同行時。如果時間與交通允許，我建議可以選擇經過規劃過的傳統市場，例如文山區的木柵市場、中正區的南門市場、萬華區的東三水街市場，若孩子大一點，老式的傳統市場更能讓孩子看到市場的不同風貌，我極力推薦。

帶著孩子一起逛生鮮超市、有機商店、或是大賣場來選購食材，也都是很棒的家庭生活。這些地點乾淨舒適，各種食材的價格和名稱都清楚標示，可以自在的挑選需要的種類和份量。

地點的選擇除了關係到便利性，也和採購的份量有關。若住家旁邊就有方便採購食材的地點，且時間許可，大部分的食材當然是越新鮮越好，可以分次、少量購買。但若住家與採購地點有點距離，或是因為工作因素不方便太常採購，就可以利用周末假日一次購買一週份量的食材。因為要較大量購買，就得要規劃一下一週的下廚次數和家庭用餐人口，再選購適合的食材，才可以讓選購的食材在新鮮時就被吃掉。

選購新鮮環保的食材

不論在哪個地方選購食材，我挑選的重點都一樣：要購買經濟新鮮的食材，另外我還會留意一下環保的問題，如果可以選擇，我也會重視動物權。

選購當地當季的食材，就能簡單達到所有需求。當季的食材代表當下的季節適合它的生長，所以農人不需要特別調整環境或者用藥來使作物成長，自然就減少了人力與物力的成本，用藥少了對環境或對消費者都是一大福音。產量大的當季作物，價格相對便宜，而且新鮮。當地的食材運輸時間較短，能在新鮮的時候到達餐桌上，同時減少了運輸的成本，也減少了運輸對環境的汙染，對消費者與整個環境都有幫助。

我不是素食主義者，但我會關心動物權的問題，如果可以選擇，我會購買人道飼養的動物與奶、蛋。在無法避免犧牲動物作為食物的情況下，讓食用動物在友善的環境中生長，並且以人道的方式宰殺，這不但是對動物與對食用者的尊重，我也相信被人道對待的動物能夠供給的產品品質較好，例如豬隻在屠宰時受到緊迫，或者受到緊迫的時間過長，會影響肌肉內肝醣的分解，導致屠體的 pH 值過低（前者）或過高（後者），進而影響肉品的顏色與保水性，當然也就影響了肉品的品質與口感。我的舅媽在家中後院養了一群雞隻，他們是寵物雞，每天在樹林間奔跑，吃過這群雞隻生產的雞蛋就會知道這和市售雞蛋的差異，雖然沒有資料證實這些雞隻的雞蛋比較營養，但口感和香氣非常好，在冰箱經過長時間的保存其風味也沒有太大的改變，這些特點和市售雞蛋非常不同。因此我深信受到良好照顧與尊重的動物，可以提供更好的肉品給我們。

另外，環保的問題也是我選購食材的一個重點。當我明白牛肉的飼養、

棕櫚樹的種植對環境的傷害，我就會減少這類食物的購買。到傳統市場購買食材的優點之一也和環保有關，我們可以用購物袋或重複利用的塑膠袋來裝裸裝的蔬果，超市的蔬果大多都已經有塑膠袋包裝了；至於肉類或海鮮，冷藏或冷凍的保存環境帶來的衛生安全優勢，以及傳統市場購買的環保優勢以及客製化優勢，就要留給消費者自己取捨了，我自己也很難決擇呢。

蔬果的選擇，除了前面提到的原則之外，也要選擇外觀完整飽滿、新鮮、無損傷腐敗發芽或是蟲蛀。蔬菜宜選用病蟲害較少或是非連續採收的作物，可以減少農藥的使用量與殘留量。

穀類宜選擇大小均勻、形狀完整、質地堅硬、不具有異味者。由於台灣氣候溫暖潮濕，穀類若保存不當容易有黃麴菌的汙染，其代謝產物黃麴毒素為熱安定性高的致癌性毒素，因此建議選購包裝完整的五穀雜糧類與其製品，並少量購買，以確保在短時間內可以食用完畢。

選購肉品應觀察肉的顏色，例如豬肉為粉紅色、牛肉為暗紅色，肉體不能出現黏液、腐敗臭味，肉品應保有彈性，最好選購有衛生品質保障檢驗標誌的肉品，或在良好的反賣場所所購，溫體肉類最好早晨就去購買並且立即帶回家低溫保存。

魚類要選擇魚體結實有彈性、表面具有光澤、眼睛清晰、魚鱗緊附於皮膚、魚鰓內呈現鮮紅色、魚鰓翻開後會快速恢復原狀、無腐臭味者。形狀完整、不黏手、肉質具有彈性的牡蠣較為新鮮。蛤蜊要選擇貝殼完整且觸碰後緊閉者。蝦子選擇外形完整、肉質結實具有光澤、蝦頭與蝦身緊密結合者為佳。

蛋的選購要留意蛋殼的完整度與潔淨程度，由於蛋容易有沙門氏菌的汙染，且由外觀無法完全判別新鮮度，因此若沒有可信任的購買商家，建議選購具有完整包裝的洗選蛋，可以從日期判斷新鮮度。

了解食材特性與保存方式

當選購了食材回家，若不是當天當餐烹煮，一定要依照食材的特性並選擇適合的保存方式，尤其是一週採購一次的家庭，食材的保存就特別重要。

一般根莖類的蔬菜、洋蔥、南瓜等食材，適合放在通風乾燥陰暗處保存保存，可以裝在網狀的袋子中，掛在通風且較陰暗的位置，或是放在專門放置蔬果的可透氣的架子上。其他蔬菜則可以放在冷藏室中，利用低溫來降低蔬菜的呼吸速度、延長保存期限，冷藏時要留意濕度的控制，須以適當方式包裝使水分不致流失。

水果的貯存要依照水果的特性來進行，部分水果由於成熟後就會快速腐敗，因此會在成熟前就先行採收，以利運送與販售，由於低溫會減緩成熟的速率，因此這類水果建議等到成熟後再冷藏，例如桃、李、木瓜、百香果、釋迦、芒果、酪梨；而葡萄、櫻桃、草莓、荔枝等水果採收時已是成熟狀態，因此建議購買後就低溫冷藏保存。特別一提的是，有些熱帶和亞熱帶的水果若在低溫下冷藏保存，會造成表皮損傷，產生黑色

斑點，但仍然可以食用，例如香蕉。每種水果適合的貯藏溫度和濕度不同，可貯藏的時間也不相同，例如蘋果在 0 ～ 4℃、相對濕度 90% 的環境下可保存 3 ～ 8 個月，但草莓在相同的環境下僅可保存 5 天左右。

穀類應處存在乾燥密閉的容器內，並放在乾燥通風的環境，若以真空或二氧化碳包裝可大幅延長保存期限。

肉類購買後一定要在低溫下保存，若兩天內沒有要食用，就要依照每次要食用的份量包裝後再冷凍，快速冷凍可以保持肉類的口感，妥善的包裝可以避免肉品與空氣接觸的機會，防止肉品水分流失、脂肪氧化、蛋白質變性而使顏色變深（凍燒現象）。絞肉類可以放在塑膠袋中，鋪成薄薄的一片冷凍；其他部位的肉類則切成需要的大小與形狀，再包裝後冷凍；若要做成肉排，則將肉排醃漬後再冷凍。

魚海鮮類由於組織較細因此較容易腐敗，低溫保存是降低體內酵素與微生物活性的方式，冷藏具有短時間的保鮮效果，若經過前處理且經過完整包裝後再將魚貝類冷凍保存，可以大幅延長保存期限。

若是購買洗選蛋，可以直接放在冰箱保存，若是一般零售雞蛋，可檢視表面是否有糞便等汙漬，先行擦拭並包裝後再冷藏保存。若以自來水清洗蛋殼表面可能破壞蛋殼的角質層，導致蛋殼的通透性增加，反而使表面的細菌入侵，因此建議在烹調前再進行清洗。

採用懶人烹調方法

買好了食材，也好好地保存它們了，要怎麼烹調才可以簡單快速又方便呢？我有幾個方式讓我可以接完小孩回家後 30 分鐘以內開飯的。

首先就是先想好用餐人數，然後依照前面提到的方式規劃要使用的食材，並提早準備食材。需要醃漬入味再烹調的肉類，要提早一天進行，放在冷藏室保存；冷凍的魚類或肉類，可以提前一個晚上放到冷藏室退冰；如果真的忘記了，把冷凍食材包在塑膠袋或保鮮盒裡，直接在水龍頭下面沖水，加速在室溫下解凍的時間，以免微生物汙染。使用流動的水解凍肉類很浪費水吧？我會在一個大盆子裡放上要清洗的蔬菜或水果，清洗蔬果和解凍同時間進行，如此一來，同樣的水量就達到兩個目的了，省了不少的水。蔬菜一樣可以前一個晚上先處理，根莖類或瓜類可以先清洗、去皮、切成需要的大小，再放在保鮮盒裡蓋好冷藏；葉菜類清洗後可以先晾乾，隔天烹調前再切；菇類若要提前處理，清洗後要先川燙過再分裝冷藏，以免腐壞；如果已經上手了，葉菜類和菇類我比較建議烹調前再處理，這樣可以保持新鮮。

除了事先備料，烹調的方式是決定烹調時間的因素。我常用的方法是「一鍋到底」，從頭到尾只需要一個鍋子，不但省時間而且很省事，想想看，只要洗一個鍋子、一個人只需要使用到一個碗，是不是大大減少收拾的工作而令人感到愉悅呢？

熱騰騰的材料豐富的湯，就是一鍋到底的模範了。如果提前在放假時間熬煮，用餐前只要加熱並添加一些易熟的食材就可以上菜，非常方便；如果要當餐使用一鍋到底的方式，就要留意食材的特性，選用可以快速

上菜的食材，例如海鮮類，而不選用需要長時間熬煮才好吃的食材，例如牛腩。

如果家裡除了瓦斯爐之外還有烤箱、電鍋、電子鍋，請善用每個烹調工具，避免一餐需要的幾道菜都用到同一個爐具，而讓一個爐具負責一道菜，例如：用烤箱烤魚、用電鍋煮湯、用電子鍋煮白飯、用瓦斯爐炒菜，這樣，同時就可以完成一整餐需要的餐點了。

不論用哪種烹調方式，都要留意每道菜需要的時間，例如烤雞腿需要較久的時間，那就要先把雞腿丟進烤箱裡頭去，其餘的時間再準備其他食材與菜色。為了增加食材的多樣性且減少烹調時間與步驟，一道菜裡面儘量有多樣的材料，並且留意配色，這樣可以增加營養與視覺的豐富性，提高一整桌菜的價值。

. . . .

\ **LOOK** /

香煎雞腿排 + 炒鮮蔬

技能別	難易度	料理時間	熱量
💧 🔪 🔥	★★☆	**30** 分鐘	**1214** KCal

本食譜含 **6** 人份

材料

去骨雞腿排　**3** 小片、薑、杏鮑菇、黑木耳、紅蘿蔔、水蓮

調味料

鹽

MEMO ···

✿ 雞腿相較於雞胸，含有較多的鐵與鋅，脂肪比例較高，加上是運動量較大的部位，因此食用起來較有彈性且多汁。

✿ 水蓮又稱為野蓮，是水生植物龍骨瓣莕菜的莖，富含膳食纖維且低熱量，口感爽脆且無特殊味道，適合搭配其他食材成就不同風味。

作法 ···

 1 所有蔬菜洗淨切絲。

2 雞腿抹鹽,熱鍋後雞皮朝下煎(不需要另外使用食用油),再翻面煎熟(可加上蓋子加速熟透)。

3 倒出一些雞油,殘留在鍋中的油加熱後加入薑絲炒香,再加入紅蘿蔔、杏鮑菇、黑木耳炒熟,最後把水蓮加入,以些許鹽和黑胡椒粉調味。

＼ 小 叮 嚀 ／

- 只要一個鍋子就可以完成兩道菜,蔬菜多樣化一些,另外煮個飯就是簡單又營養均衡的一餐了。
- 煎雞腿適合用仿仔雞,若要肉質軟一點可以用肉雞。
- 新鮮的肉只要有一點薄薄的鹽就很好吃了。
- 蔬菜挑自己喜歡的,甚麼都可以。
- 蔬菜的處理要儘量同形狀與大小,吃的時候方便,烹煮時的熟度也比較好控制。
- 入鍋順序依照蔬菜特性加入,最不容易熟的最早加入,最後再調味。

蒜香海鮮義大利麵

技能別	難易度	料理時間	熱量
	★★☆	40 分鐘	400 KCal/ 人份

本食譜含 3 份

MEMO

頭足類動物是魚類以外我們很常食用的海鮮，包括花枝、章魚、軟絲、魷魚，這些動物體內含有豐富的牛磺酸，牡蠣和蛤蜊也是。牛磺酸是帶有胺基的磺酸，存在腦、視網膜、心、生殖系統當中，具有抗氧化、抗發炎、調節神經系統機能的作用，且能協助粒線體功能的正常運作，因此對於骨骼肌、心肌的生長和肌耐力的維持扮演非常重要的角色，這也是許多能量飲料中都會添加牛磺酸的原因。

材料

蒜頭		透抽 300 公克	九層塔 少許
洋蔥 1/2 顆		雪白菇 100 公克	義大利麵
蛤蜊 150 公克		小黃瓜 1 條	
鮮蝦 150 公克		青花菜 1 朵	**調味料**
魚片 100 公克		玉米筍 100 公克	鹽

作法 ....

1 所有材料洗淨切成適當大小。

2 煮一大鍋水,水滾後加入一點橄欖油、鹽巴,放入麵條煮七八分熟後撈起,拌入橄欖油。

3 熱鍋,倒入一點油,炒香蒜末和洋蔥丁,倒入蛤蜊,蛤蜊開了先撈起,接著把各種海鮮料分別煮熟撈起。整個過程視情況加入一些水。

4 所有海鮮都煮完後,倒入蔬菜拌炒(鍋中還是要保有一些湯汁),最後放入義大利麵攪拌,讓麵條都沾到湯汁,加入鹽調味,最後大火把湯汁收乾。

5 蔬菜+麵擺上盤中,再放上海鮮料,就是非常好吃的海鮮麵囉!

＼ 小 叮 嚀 ／

- 留意義大利麵條包裝上的建議烹煮時間。
- 海鮮分別煮熟後先撈起來,可控制熟度也方便後續的擺盤。
- 如果沒有孩子共享這道菜,可加一點白酒和辣椒片。

馬鈴薯鮮菇燉雞肉

技能別

難易度
★★☆

料理時間
50 分鐘

熱量
1054
KCal

材料

馬鈴薯　2 顆、洋蔥　1 顆

紅蘿蔔　1 根、鮮香菇　5 大朵

去骨雞腿　2 片、青蔥　3 支、薑

本食譜含 4 人份

調味料

黑胡椒、鹽

MEMO ....

☆ 馬鈴薯性平味甘，具有活血、消炎、益氣、健脾等功效。馬鈴薯富含澱粉與膳食纖維，
　使血糖上升較為緩慢，適合作為糖尿病患者的澱粉來源。

☆ 不同品種的馬鈴薯顏色不同，一般常見的是黃肉品種，含有玉米黃素和葉黃素，也有
　紫肉品種，內含花青素。馬鈴薯含有龍葵鹼（茄鹼），具有苦味，具有毒性，一般情
　況下，馬鈴薯中的龍葵鹼含量對人體來說是微量的，但發芽或表皮變綠的馬鈴薯龍葵
　鹼含量會急速增加，引發消化系統和神經系統的問題，甚至引起死亡，因此不可食用
　發芽或表皮變綠的馬鈴薯。

作法 ……………………………………………………

  1 馬鈴薯、洋蔥、紅蘿蔔、香菇、雞腿肉都切成適當大小,薑切片,
蔥切段。

2 雞腿肉川燙去血水。

3 爆香薑片與蔥段後,加入馬鈴薯、洋蔥和紅蘿蔔拌炒。

4 加入雞腿肉拌炒。

5 加入水,並以胡椒、鹽調味,小火煮約 **30** 分鐘。

＼ 小叮嚀 ／

- 雞腿肉可以買雞腿請攤販去骨,腿肉可以拿來燉煮或煎煮,腿骨可以
  拿來熬高湯。
- 若想要更濃郁的口味,可以用高湯取代水。
- 颱風天或大雨天後的葉菜類非常昂貴又不易取得,這道料理就很適合。

\ **LOOK** /

南瓜滷五花肉

技能別	難易度	料理時間	熱量
	★★☆	15 分鐘	2265 KCal

本食譜含 5 人份

材料

豬五花肉　500 公克

蔥　3 支、薑　1 塊

帶皮南瓜　400 公克

調味料

麥芽糖　1 大匙

醬油　2 大匙

MEMO ··

南瓜性溫味甘，富含碳水化合物，口感與馬鈴薯與地瓜類似，其營養成分大多耐高溫長時間燉煮後。其中的胡蘿蔔素若長時間大量食用，可能會沉積於皮膚早成皮膚泛黃，停止食用待代謝後即可恢復正常膚色。

作法 ···

 1 五花肉切塊（約 **1.5** 公分厚度），薑切片，南瓜連皮切大塊，蔥切段。

2 熱鍋，把五花肉放入，待豬油炸出、表面焦黃，就可以翻面，豬油可另外盛裝冰起來以後使用。

3 放入一大匙麥芽糖到鍋內，加入蔥段和薑片拌炒，再加醬油炒香。

4 鍋內加水，鋪上南瓜，小火燉煮至南瓜軟化即可。

＼ 小 叮 嚀 ／

- 這道菜可以一次多做一點，依照每餐的份量分裝後冷凍。
- 燉煮時可以使用電鍋。
- 五花肉在煎的時候會有很多豬油產出，可以冷藏保存。自製的豬油裡面含有雜質，建議在短時間內使用完。
- 可以用梅花肉取代五花肉。梅花肉也是適合長時間燉煮的豬肉部位。
- 南瓜讓這道料理有自然的甜味。
- 如果沒有麥芽糖，可以用一般砂糖或黑糖。

白菜炒年糕

技能別	難易度	料理時間	熱量	本食譜含 **3** 人份
	★★☆	**30** 分鐘	**355** KCal/ 人份	

MEMO ··

大白菜為十字花科的蔬菜，含硒、吲哚、異硫氰酸鹽，具有抑癌的功效。中醫中，大
白菜性微寒味甘，具有利尿、通便、清熱的效果。

材料		調味料
年糕	300 公克	鹽
青蔥	2 枝	醬油
白菜	1 小顆	烏醋
紅蘿蔔	1/2 根	
乾香菇	6 朵	
梅花豬肉絲	100 公克	

作法 ●●●

1 青蔥洗淨切細，白菜與紅蘿蔔洗淨、切小塊，乾香菇洗淨泡水後切片。

2 熱鍋，以少許食用油爆香蒜片與蔥白，加入香菇炒香。

3 加入肉絲拌炒，淋上些許醬油炒香。

4 加入蔬菜，淋上香菇水。

5 放上年糕，蓋上鍋蓋悶煮約 5 分鐘至年糕軟化。

6 以鹽與烏醋調味。

＼小叮嚀／

- 各種蔬菜都可以加入。
- 扁扁的寧波年糕和圓柱狀的韓式年糕都可以拿來做炒年糕。
- 包裝年糕開封後最好當次就煮完，剩下的將包裝封好後，放在冷凍庫保存，以免年糕發霉。
- 有些店家會賣新鮮的年糕，買回家放涼後就可以切塊、分裝、再冷凍保存。

釀生活 17　PE0133

 堆疊幸福的親子餐桌：
幼兒飲食專家帶你做出 50 道營養滿分的健康料理

作　　者	陳珮茹
責任編輯	杜國維
圖文排版	楊廣榕
封面設計	楊廣榕

出版策劃	釀出版
製作發行	秀威資訊科技股份有限公司
	114 台北市內湖區瑞光路76巷65號1樓
	電話：+886-2-2796-3638　傳真：+886-2-2796-1377
	服務信箱：service@showwe.com.tw
	http://www.showwe.com.tw
郵政劃撥	19563868　戶名：秀威資訊科技股份有限公司
展售門市	國家書店【松江門市】
	104 台北市中山區松江路209號1樓
	電話：+886-2-2518-0207　傳真：+886-2-2518-0778
網路訂購	秀威網路書店：http://store.showwe.tw
	國家網路書店：http://www.govbooks.com.tw
法律顧問	毛國樑　律師
總 經 銷	聯合發行股份有限公司
	231新北市新店區寶橋路235巷6弄6號4F
	電話：+886-2-2917-8022　傳真：+886-2-2915-6275

出版日期	2018年1月　BOD一版
定　　價	380元

國家圖書館出版品預行編目(CIP)資料

堆疊幸福的親子餐桌：幼兒飲食專家帶你做出 50 道營養滿
分的健康料理 / 陳珮茹著 . -- 一版 .
-- 臺北市：釀出版，2018.1
　面；　公分 . -- (釀生活；17)
BOD 版
ISBN 978-986-445-229-3(平裝)

1. 育兒 2. 小兒營養 3. 食譜

428.3　　　　　　　　　　　　106020140

讀者回函卡

感謝您購買本書，為提升服務品質，請填妥以下資料，將讀者回函卡直接寄回或傳真本公司，收到您的寶貴意見後，我們會收藏記錄及檢討，謝謝！
如您需要了解本公司最新出版書目、購書優惠或企劃活動，歡迎您上網查詢或下載相關資料：http:// www.showwe.com.tw

您購買的書名：_____

出生日期：_____年_____月_____日

學歷：□高中 (含) 以下　　□大專　　□研究所 (含) 以上

職業：□製造業　□金融業　□資訊業　□軍警　□傳播業　□自由業
　　　□服務業　□公務員　□教職　　□學生　□家管　□其它_____

購書地點：□網路書店　□實體書店　□書展　□郵購　□贈閱　□其他

您從何得知本書的消息？

　　□網路書店　□實體書店　□網路搜尋　□電子報　□書訊　□雜誌
　　□傳播媒體　□親友推薦　□網站推薦　□部落格　□其他_____

您對本書的評價：（請填代號　1.非常滿意　2.滿意　3.尚可　4.再改進）

　　封面設計____　版面編排____　內容____　文／譯筆____　價格____

讀完書後您覺得：

　　□很有收穫　□有收穫　□收穫不多　□沒收穫

對我們的建議：_____

_____

_____

_____

請貼
郵票

11466
台北市內湖區瑞光路 76 巷 65 號 1 樓

秀威資訊科技股份有限公司　　收

BOD 數位出版事業部

（請沿線對折寄回，謝謝！）

姓　　名：＿＿＿＿＿＿＿＿　年齡：＿＿＿＿　性別：□女　□男

郵遞區號：□□□□□

地　　址：＿＿＿＿＿＿＿＿＿＿＿＿＿＿＿＿

聯絡電話：(日)＿＿＿＿＿＿＿＿(夜)＿＿＿＿＿＿＿＿

E-mail：＿＿＿＿＿＿＿＿＿＿＿＿＿＿＿＿

reddot award
winner

韓國鍋具領導品牌

NEOFLAM®

Be your friend

耐用富林股份有限公司
Add: 115台北市南港區重陽路459號3樓
Tel: (02)2651-8200
Web: www.neoflam.com.tw

官網　　粉絲團

餐桌總是一團亂？
是時候該換一套學習餐具了！

miniware
天然寶貝碗
最聰明的學習餐具

追蹤我們臉書
miniware台灣

福樂頂級鮮奶優酪 100% 鮮奶發酵

- 百分百鮮乳發酵
- 使用福樂一番鮮國產鮮乳
- 無添加糖、不含任何添加物
- 奶素可食

更多吃法

MONEYJUMP

媽你講・親食 FUN & RESTAURANT

+ 主廚甜點
歐風麵包伴手禮
一份

1. 本優惠限平日消費滿500元餐點就可以擁有乙份消費升級的優惠。
2. 本券不得開立發票、不可兌換現金、找零、購買禮券/商品或與其他優惠合併使用。
3. 本券使用期限至 2019/3/31，請於兌換期限內使用，若遺失或毀損等恕不補發。
4. 媽你講股份有限公司保有活動最終修改變更之權利。

MONEY JUMP
媽你講・親食

舊宗路一段 | 民善街 | 堤頂大道一段

餐廳資訊
服務電話：02-2792-1156
餐廳地址：台北市內湖區民善街127號2樓
營業時間：11：00~21：00
每週一為公休日(週一若為國定假日則為正常